本书获得国家自然科学基金（61174109、 61640312），北京市自然科
学基金（4172007），北京市博士后科研工作基金等资助

间歇过程统计建模及故障诊断研究

基于数据驱动角度

常鹏 王普◎著

U0318835

知识产权出版社

全国百佳图书出版单位

图书在版编目（CIP）数据

间歇过程统计建模及故障诊断研究：基于数据驱动角度/常鹏，王普著. —北京：知识产权出版社，2018.1

ISBN 978-7-5130-1839-5

Ⅰ.①间… Ⅱ.①常… ②王… Ⅲ.①过程统计—统计模型—研究 Ⅳ.①O211.64

中国版本图书馆 CIP 数据核字（2017）第 322903 号

内容提要

作为第二产业当中的一个子项，间歇生产过程是现代社会大生产当中比较有代表性的生产形式之一，因其具有比较好的灵活性、较高的产物附加值以及较悠久的发展历史，被应用在诸如制药、食品生产、化工材料制备等领域。然而正因其具有的与连续生产过程所不同的特性，也会随之而来具有比较复杂的生产机理，多样的生产及工况以及多变的生产状态。因此，对其进行统计建模、过程监测和故障诊断研究，从控制和大数据分析领域的角度讲具有普适性和代表性。

本书作者多年来一直从事间歇过程的统计建模、过程监测和故障诊断等方面的研究，在借鉴国内外的有关最新研究成果和作者自身完成的研究成果基础上，博采众家之长，著成此书。本书结合具体的间歇工业微生物发酵过程实例，分别对过程的统计建模、过程监测，特别是在非线性、非高斯性、多阶段共存的间歇过程在线应用与故障诊断方面进行了比较系统的介绍，并引入了核熵成分分析技术并扩展其在过程监测、优化以及故障诊断等方面的应用。

责任编辑：张水华　　　　　　　　　　　责任出版：孙婷婷

间歇过程统计建模及故障诊断研究

基于数据驱动角度

常　鹏　　王　普　著

出版发行：知识产权出版社有限责任公司		网　　址：http://www.ipph.cn	
社　　址：北京市海淀区气象路 50 号院		邮　　编：100081	
责编电话：010-82000860 转 8389		责编邮箱：46816202@qq.com	
发行电话：010-82000860 转 8101/8102		发行传真：010-82000893/82005070/82000270	
印　　刷：虎彩印艺股份有限公司		经　　销：各大网上书店、新华书店及相关专业书店	
开　　本：720mm×1000mm　1/16		印　　张：10	
版　　次：2018 年 1 月第 1 版		印　　次：2018 年 1 月第 1 次印刷	
字　　数：170 千字		定　　价：42.00 元	

ISBN 978-7-5130-1839-5

摘　　要

近年来，随着现代社会对多品种、多规格和高质量产品迫切的市场需求，工业生产更加倚重于可以生产多种产品的间歇过程，并且生产运行的安全性、可靠性已成为工程人员关注的焦点。但是，过程生产方案的变动或者产品类型的改变会导致生产过程出现具有不同潜在过程特性的多种模态。多模态复杂过程的多变量、多工序、变量时变性以及模态转换时间不确定等多种原因，导致面向间歇生产过程的统计分析及在线应用更具挑战性。

间歇生产过程与连续工业相比，其过程特性更加复杂，数据统计特征也更为丰富。本书基于统计的过程监测建模方法，从生产过程的正常历史数据出发，既考虑稳定模态过程监测，又针对稳定模态间的过渡模态的自身特点，建立过渡模态监测模型。同时还从实际出发，全面考虑多元统计方法在多模态过程应用时需要解决的几个重点问题，如阶段划分、阶段识别、特征提取等，提出了一些针对间歇过程具体数据特征的监控算法，以此来提高过程监控能力与产品质量，保证生产安全。主要研究内容如下：

（1）针对间歇过程的非线性问题，提出一种基于 MKECA 的间歇过程故障监测与诊断方法。MKECA 算法的核心思想是将原始数据投影到高维特征空间，与 MKPCA 不同的是，不以方差的大小来选择特征向量，而是选取前 n 个对核熵值贡献最大的特征向量，然后将原始数据向这些特征向量投影构成新的数据集，这样不仅可以最大程度地保持原始间歇过程数据的空间分布，而且能够提高模型的精度。当监测模型捕获到故障后，利用本章提出的时刻贡献图方法对故障变量进行识别。数值实例和青霉素仿真平台的应用结果表明，MKECA 方法在过程监测的性能上优于 MKPCA 方法，并具有故障变量的追溯能力。

（2）针对间歇过程的非线性和非高斯性问题，提出基于 MKEICA 的过程监测方法。该方法首先利用 KECA 代替传统 KPCA 作为 MKICA 数据的白化处理，使得白化后的数据矩阵可以更好地保持原始的数据结构；其次针对传统 MKICA 监测方法所构建的监测统计量为二阶统计量的不足，提出三阶累积量的监测统计量用于过程监测，旨在克服传统统计量在监测时存在较高误警和漏报的问题。青霉素仿真平台和工业制备大肠杆菌的应用结果表明，该方法与传统 MKICA 方法相比，确实能有效减少系统出现的误警率和漏报率。

（3）针对间歇过程多阶段、非线性的问题，提出一种基于多阶段 MKECA 的过程监测方法。该方法首先把三维数据按照时间片展开策略展开为新的二维数据；其次根据各时间片的数据进行 KECA 数据转换，然后依据核熵的大小对生产过程进行阶段粗划分，在粗划分的基础上利用扩展核熵负载矩阵进行阶段细划分，将生产操作过程划分为稳定阶段和过渡阶段，并分别建立监测模型对生产过程进行监测；最后对青霉素发酵仿真平台进行试验验证，结果表明该方法具有比较可靠的监控性能，能及时、准确地检测出过程中存在的异常情况。

（4）针对间歇过程多阶段、非线性、非高斯性的问题，提出一种基于多阶段 MKEICA 的监测方法。该方法克服了相邻阶段之间边界的错误划分以及过渡阶段过程的非线性、非高斯性等问题，提高了生产过程监测模型的监测精度。当实际的生产过程从一个稳定操作阶段过渡到下一个稳定操作阶段时，可有效降低过程监测模型对生产过渡阶段过程故障的报警率。青霉素发酵仿真平台及实际工业制备大肠杆菌的生产发酵过程的应用表明，该过程监测方法能够更好地揭示过程的运行状况和变化规律，对于解决间歇过程多阶段监测难的问题，具有一定的实用价值。

（5）以上的研究方法都是基于过程变量的监测方法，当过程变量出现诸如因产品质量的问题而需要对过程变量做出调整时，监测模型会错误地认为是故障的问题。为解决上述问题，同时结合 T-PLS 和多阶段 KEICA 的优势，提出基于核熵的间歇过程质量相关故障的监测方法。该方法用多阶段 KEICA 对生产过程进行建模分析，建立高阶累积量的监测统计量 HS 和 HE，其中 HS 主要反映生产过程变量的非高斯信息，HE 主要反映生产过程变量的高斯信息，然后在质量变量 Y 的引导下将空间 HE 进行 T-PLS 分解，得到四个子空间后将质量相关子空间的统计量与残差子空间的统计量相结合，构造新的联合统计量，用于与质量相关的过程故障监测，以实现对非线性、高斯性、非高斯性、多阶段性的实际间歇生产过程全方位监测，通过将该方法应用于重组大肠杆菌制备白介素-2发酵过程监控，验证了算法的可行性和有效性。

　　关键词：间歇过程；统计建模；过程监测；核熵成分分析；故障诊断

Abstract

Recently, with the urgent requirement of multi-type and high-quality of the market, the manufacturing of higher-value-added products that are mainly produced through batch processes have become increasingly important in many industries. The batch process safety and product quality have been the focus of people's attention. However, due to different manufacturing strategies or varying feedstock, the process covers multiple modes which have distinct process correlation characteristics. Considering the process high dimensionality, multi-operation, time-variant characteristics, and unknown mode duration, it is challenging to conduct statistical analysis and online application for multi-mode processes.

Batch processes are fairly complex with rich data statistical characteristics compared with continuous processes. Using the historical operation data, we should not only consider statistical monitoring models based on statistical modeling and process monitoring for stable modes, but also take the transitional mode between stable modes into conside-ration. On the purpose of application, this dissertation develops a series of mode-based statistical modeling, process monitoring methods for multi-mode processes especially focusing on several key points, such as, data classification, mode identification, feature extraction, and so on. In this thesis, some important problems of batch statistical performance monitoring are systematically studied and new statistical monitoring algorithms are proposed with respect to the characteristic of batch process data. The achievements of the thesis can be summarized as follows:

(1) For the nonlinear problem batch process, Multi-way Kernel Entropy Component Analysis (MKECA) is proposed. This method overcomes the drawback of traditional Multi-way Kernel Principal Component Analysis (MKPCA) when it is utilized to monitor such faults. Above of all, three-dimensional historical data is preprocessed in accordance with three-step method proposed in this paper. Then the preprocessed data is mapped from the low dimensional space to high dimensional space to solve the problem of nonlinear characteristics of the data. At the same time, in the high-dimensional feature space, the dimension will be reduced according to the size of the data kernel entropy. So the after-reduction data could form a certain angle with the original point, as a result, the distribution could be close to original data distribution of the batch process. The experiment results on numerical examples and the actual factory illustrate that MKECA method could achieve a more reliable monitoring performance because it could monitor the fault timely and accurately. Therefore, the proposed method has a broad application prospect.

(2) For the nonlinear and non-Gaussian problems batch process monitoring, a novel batch process monitoring method based on Kernel Entropy Independent Component Analysis(KEICA) is proposed. The main idea of KEICA is to carry out an independent component analysis in the kernel entropy space to extract the nonlinear and non-Gaussian characteristics of a nonlinear non-Gaussian process. The KEICA algorithm is whitened Kernel Entropy Component Analysis(KECA). Unlike other kernel feature extraction methods, this method chooses the principal component vectors according to the maximal Renyi entropy rather than judging by the top eigenvalues and eigenvectors of the kernel matrix simply, with a distinct angle-based structure. The sum of the squared independent socres statistic and the squared prediction error statistic of residual are adopted as monitoring statistics, for online monitoring of batch processes. However, the both monitoring statistics are lower-order statistics, which are only sensitive to amplitude. Higher-order Cumulants Analysis (HCA) is an up-to-date method that utilizes higher-order cumulants rather than lower-order to achieve the process monitoring.

(3) For the multi-stage and nonlinear problems of batch processes, a novel multi-stage statistical process monitoring strategy based on KECA clustering soft-partition is proposed to solve the hard-partition and misclassification problems in multistage batch processes. The proposed method calculates firstly similarity indices between different time-slice data matrices of batch processes, and then phase division algorithm is designed by KECA clustering based on the similarity index,

following by a KECA membership grade transition identification step. By setting a series of KECA models with time-varying covariance structures for transitions and steady phases, it reflects objectively the diversity of transitional characteristics and monitors multistage batch processes more accurately and efficiently. The results of simulation study of fed-batch penicillin fermentation process clearly demons-trate the effectiveness and feasibility of the proposed method, which detects various faults more promptly with desirable reliability.

（4）For the multi-stage, nonlinear and non-Gaussian problems, a multi-stage MKEICA monitoring method is proposed. The method analyses the majority of batch processes' characteristics such as multi-stage, unsynchronized of trajec-tories, nonlinear problem of transition period. These characteristics cannot be considered independently. A discussion is held on the traditional MKICA and MKEICA's unsolvable problem when doing the monitoring on the multi-stage batch processes. A new multi-stage method sub-MKICA is proposed for process monitoring. The method overcame the nonlinear, non-Gaussian problem and the miss division of neighbor stages, and improved the accuracy of process monitoring model. The miss-alarm can be reduced during the transition period. The applica-tion on the penicillin benchmark and the industry has shown the proposed method has a great advantage over the traditional methods, revealing the condition of batch processes and their variation.

（5）Based on the methods proposed above, focus on the problem of the need of on-line adjustment for quality control happens in actual batch processes, the method mentioned above are all based on the monitoring of process variables. When the adjustment of process variables occurs, the methods treated it as error. To solve this problem, while combining T−PLS and multi-stage KEICA's advanta-ges, the batch processes strategy based on the kernel Renyi is proposed. First, dif-ferent order statistics of the data samples are constructed to map the data from the original data space into the Statistic sample space, then utilize kernel function to map the Statistic sample space into the Higher dimensional kernel space, and ac-cording to the quality variable, the feature space will be divided into 4 subspaces, namely: Process variable related to quality variable space, Process variable not re-lated to quality variable space, Process variable orthogonal to quality variable space and residual error space; at last, aiming at the Process variable related to quality variable subspace and the residual error space, different detection models are constructed, which will trace the fault variables when faults are detected. The proposed method is applied to monitor the industrial process of the interleukin-2 production in recombinant E.coli. The results demonstrate the effectiveness and feasibility of this algorithm.

Keywords: batch process; statistical modeling; process monitoring; kernel entropy principal component analysis; fault diagnosis

目 录

第1章 绪　　论

1.1　课题研究背景与意义

1.1.1　背景与意义

　　间歇生产过程是现代化工业的重要生产方式之一，被广泛应用于污水处理、基因工程制药、微生物发酵、半导体生产等小批量、多品种、高附加值产品的制造业中，具有举足轻重的地位和作用，因此，保证间歇过程生产安全、低碳环保和其产品质量已成为人们日益关注的焦点[1,2]。间歇过程普遍具有非线性、非高斯性、高斯性和多阶段性等特性。另外，由于间歇过程的数据是三维的（时间×变量×批次），传统连续过程的建模方法在此不再适用[3]。随着科技水平的提高，应用于生产过程的自动化技术得到迅猛发展，为了保证生产过程的安全、低碳环保以及更大的经济效益，针对生产过程的监测及故障诊断技术逐渐受到了学术界和工业界的广泛重视。传统的基于知识的过程监测方法[4,5]，由于难于得到间歇过程的机理模型，其在间歇工业过程中的应用受到了限制。然而，随着智能自动化生产技术的提升，大量的生产过程数据得以存储，这些历史数据中包含着丰富的产品信息和过程生产状况。如何从大量的生产过程数据中提取出有用的生产信息，进而利用其指导制造业的生产，已经成为学术界和工业界的热门课题之一。

　　从 20 世纪 90 年代开始，以多向主成分分析（Multiway Principal Component Analysis，MPCA）[6-10]、多向偏最小二乘（Multiway Partial Least Squares，MPLS）[11-16]、多向独立成分分析（Multiway Indenpence Component Analysis，MICA）[17-22]等为核心算法的多元统计过程监测（Multivariate Statistical Process Monitoring，MSPM），这种基于 MSMP 的过程监测方法无须建立反映间歇过程机理特性的数学模型，只要对间歇生产过程数据进行处理和分析，就可以发现过程出现的异常或故障。即时地监测出间歇生产过程是否发生异常，这有助于过程工程师做出适当的调整，阻止故障的发生，保障产品的质量，增进设备运行的安全性。这种基于多元统计的监测方法近年来已经成为间歇过程监测领域十分活跃的研究方向之一，并取得了许多研究成果。尽管在过程监测领域已有大量的相关文献报道，但是大多数 MSPM 方法要求用来建模的正常过程数据必须来自于单一的生产操作状况，并且满足独立同分布的假设[6-22]。例如，MPCA、MPLS 方法将一次间歇操作的所有数据当作一个整体对待，在计算监测统计量时要求过程数据必须服从多元高斯分布，并且要求生产过程的操作范围必须是完整的一个工况，因为只有这样，才可以根据"小概率事件原则"用一个统计模型准确反映出正常的过程特性，用来实现过程监测的统计量才会满足相应的经验分布[23]。然而，在实际的生产过程中，一个生产过程具有多个稳定工况的情况是不多见的，往往是多个工况共同存在的。即同一个生产过程具有多个生产阶段，并且不同的生产阶段之间变量的相关关系表现会有较大的差异[23-25]。例如，间歇制造业的注塑过程可以将整个生产过程分为注射生产阶段、保压生产阶段和冷却生产阶段三个主要阶段；微生物发酵过程按照细菌的生长周期可分为菌体生长停滞期阶段、菌体指数生长期阶段、菌体生长静止期阶段等三个机理阶段。简言之，间歇过程的多阶段是指一个生产过程在不同的时间段内运行于多个不同的生产过程中，在不同的生产过程阶段内，生产过程的特性不同。当生产过程运行于不同的工况下，正常操作数据的信息如其均值、方差、相关关系等特征会有明显的不同。在这种情况下，传统的 MSPM 监测方法无法直接应用于这类具有多阶段特性的间歇工业生产过程的监测中。最近几年，基于间歇过程多阶段的统计建模及在线故障检测的方法得到了重视[26-30]，科研人员和工程技术人员面向多阶段的间歇过程进行了相关的研究工作并卓有成效，陆续提出并发展了一系列基于不同阶段的局部统计建模方法和在线生产过程监测策略，他们的研究成果极大地促进了间歇过程监测的发展。

总之，保障生产过程安全、低碳环保和提高产品的质量是现代制造业得以生存的核心竞争力。一系列完善可行的间歇过程统计建模及在线监测算法必将推动整个间歇过程制造业的长足进步和繁荣发展，为社会提供高质量产品的同时，还可排除安全隐患，保障人民的生命和财产安全。

1.1.2　课题来源

本书的主要研究内容来源于国家自然科学基金资助项目"基于多元统计方法的间歇过程监测与故障诊断研究（项目号：61174109）"和教育部博士

点基金"基于数据驱动的间歇过程监测与故障诊断方法研究（项目号：20101103110009）"。本书基于两个项目的研究内容，以微生物发酵过程为研究对象，以数据驱动为主要研究方法，探索解决微生物发酵过程数据的非线性、非高斯性、多阶段性问题的过程监测建模方法，保证间歇生产过程安全和生产的产品质量达标。

1.2 间歇过程特性分析

1.2.1 间歇过程的数据预处理

间歇生产过程的单个运行操作周期有限，工作循环为多个单周期往复运行，从而获得批量产品，这一特点决定了生产过程的数据比传统制造业的连续生产过程多一个维度，即生产过程的批次信息，其数据矩阵是按照三维数据形式构建的[6-8]，如图1-1所示，X（$I \times J \times K$）代表正常工况下的历史数据构成的三维矩阵，其中 I 为生产重复批次的个数，J 为生产过程观测变量的序数，K 为时间序列的采样时间间隔。间歇生产过程的数据预处理通常包含两个步骤[5,6]：三维数据矩阵展开成二维数据矩阵和数据标准化。

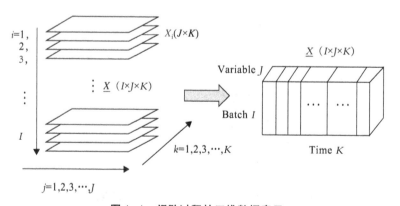

图 1-1 间歇过程的三维数据表示

Fig. 1-1 Three dimensional data for batch processes

1.2.1.1 三维数据矩阵的展开方法

鉴于制造业的间歇生产过程本身机理反应的复杂性，除了过程测量的变量数据单元具有三维结构形式外，过程变量之间的耦合相关特性和不同批次的同一个变量之间的自相关性也更为错综复杂，但是这种大量间歇过程生产的三维数据同时也包含了内容更为丰富的统计特性与生产规律[23]。目前，为了能够利用传统的针对连续生产过程的监测方法，必须对三维数据矩阵进行展开处理为二维数据矩阵，将三维数据矩阵展开成二维数据矩阵共有六种不同的方法，经查阅大量文献，发现只有两种变量展开方式具有实际的生产意义，即按照批次展开方式和按照变量展开方式。其中，前者是加拿大学者Nomikos 和 MacGregor 在 1994 年提出的批次展开方式并率先引入 MPCA[6] 间歇过程青霉素发酵过程的监测领域，其后又在 1995 年将批次展开方式与 PLS 相结合提出了 MPLS[11] 间歇过程的监测领域。该方法如图 1-2 所示，X（$I \times J \times K$）代表正常工况下的历史数据构成的三维矩阵。基于批次展开的具体流程是将每个采样时刻的数矩据阵沿生产时间轴依次排列，展开并得到二维矩阵 X（$I \times JK$），其中，X 的每一行代表一个生产批次的过程变量的测量数据，对展开后的二维数据矩阵的数据进行标准化并进行 PCA 统计建模分析。1998 年，Wold 等人[33] 提出了另一种基于变量方向展开的多向 PCA（简称 WKFH-MPCA），即保留过程变量的个数，将采样时间和所有操作批次上的数据排列展开成纵向的二维矩阵 X（$IK \times J$），对展开后的二维数据矩阵进行标准化并进行 PCA 统计建模分析，如图 1-3 所示。

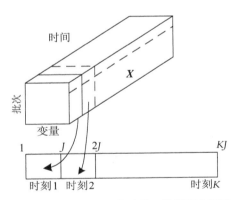

图 1-2　NM-MPCA 方法的三维数据分解图

Fig. 1-2　Unfolding of a three-way array by NM-MPCA

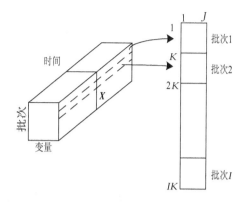

图 1-3　WKFH-MPCA 方法的三维数据分解

Fig. 1-3　Unfolding of a three-way array by WKFH-MPCA

1.2.1.2　数据的标准化

基于之前科研人员的大量工作，同时考虑多模态复杂过程中繁杂的高维变量，本书采用多元统计分析技术来提取隐藏在不同模态过程观测数据下的潜在特征结构，通过分析过程特征和数据结构进而揭示过程的运行状态。数据标准化是基于多元统计分析技术建模方法的一个重要环节，数据标准化可以部分去除过程中存在的非线性，剔除由于测量变量量纲的不同对监测模型的影响，突出间歇生产过程测量变量之间的自相关性如相同批次的测量变量之间的互相关性和不同生产批次同一个测量变量之间的自相关性。数据标准化的实质是数据的中心化处理和去量纲化处理两个步骤[2-7]。针对 1.2.1.1 小节中两种间歇生产过程的三维数据矩阵展开方式的标准化处理分别如式（1-1）和式（1-2）所示。式（1-1）为基于批次展开方式后的数据标准化，式（1-2）为基于变量展开方式后的数据标准化。

$$x_{ijk} = \frac{x_{ijk} - \bar{x}_{jk}}{s_{jk}}$$

$$\bar{x}_{jk} = \frac{1}{I}\sum_{i=1}^{I} x_{ijk} \qquad (1-1)$$

$$s_{jk} = \sqrt{\frac{1}{I-1}\sum_{i=1}^{I}\left(x_{ijk} - \bar{x}_{jk}\right)^{2}}$$

$$x_{ijk} = \frac{x_{ijk} - \bar{x}_{jk}}{s_j}$$

$$\bar{x}_{jk} = \frac{1}{KI} \sum_{k=1}^{K} \sum_{i=1}^{I} x_{ijk} \qquad (1-2)$$

$$s_j = \sqrt{\frac{1}{KI-1} \sum_{k=1}^{K} \sum_{i=1}^{I} \left(x_{ijk} - \bar{x}_{jk} \right)^2}$$

深入分析、比较这两种三维数据的预处理方法后发现，基于前者的数据预处理的标准化方法的主要优点是能够提取间歇生产过程的批次方向上的平均生产运行轨迹，在一定程度上能够削弱生产过程测量变量数据在时间轴方向上的非线性，凸显间歇生产过程在批次方向上的差异信息，具有较强的实际统计意义。其主要缺点是当在线应用时，需要预估数据即对当前采样时刻到批次结束时刻的数据进行填充。而后者的数据标准化预处理方法的优点是在线监测时其按照间歇生产过程的时刻变量数据进行监测不用考虑批次数据的完整性，也就不用进行数据填充；其缺点是不能突出批次方向上的变化信息，忽略了不同样本采样时刻的间歇生产过程测量变量数据之间的相关性，且不能消除间歇生产过程测量变量数据在时间轴方向上的非线性，因此对故障不敏感，故障检测的快速性和灵敏性较差。

1.2.2 间歇过程的非线性特性

间歇过程具有非线性的特征，本小节将结合发酵机理模型对间歇过程进行分析，以大肠杆菌发酵的机理模型为例，以下为大肠杆菌发酵菌体生长模型[34,35]。

微生物发酵过程中的菌体浓度一方面会随着菌体自身的繁殖而增大，另一方面会随着底物流加入培养物质导致的发酵液体积增加而减小，菌体浓度的方程可如式（1-3）所示：

$$\frac{dX}{dt} = \mu X - \frac{X}{V} \frac{dV}{dt} \qquad (1-3)$$

式中，X 为菌体浓度，单位为 g/L；μ 为菌体生长速率，单位为 h^{-1}；V 为发酵液体积，单位为 L。

在微生物发酵生产过程中，产物菌体的生长除了会受到温度的影响之外还会受到基质营养液的浓度和发酵罐内溶解氧浓度的影响。

（1）基质营养液浓度和罐内溶解氧浓度的影响

基质营养液浓度和罐内溶解氧浓度不但会影响最终菌体的生长，同时两者之间还存在互相制约的关系，根据细胞生长模型，可得到如下动力学方程：

$$\mu = \mu_X \frac{S}{(K_X + S)} \cdot \frac{C_o}{(K_{OX}X + C_o)} \qquad (1-4)$$

式中，C_o 为溶解氧浓度，单位为 g/L；K_X 为大肠杆菌菌体生长基质限制饱和常数，单位为 g/L；K_{OX} 为大肠杆菌菌体生长氧限制常数，单位为 mol/g；μ_X 为比生长速率；S 为基质浓度，单位为 g/L。

（2）温度的影响（主要讨论模拟和控制部分）

在微生物发酵生产过程中，发酵罐内的温度对于微生物菌体生长的影响往往表现为对菌体的生长率 μ_X 的影响，可用 Arrenius 方程表示：

$$\mu_X = A_X \cdot \exp\{-E_X / [R(273 + T)]\} \qquad (1-5)$$

式中，A_X 为生长 Arrenius 常数；E_X 为活化能，单位为 kJ/mol；R 为通用气体常数，单位为 J/(mol·K)；T 为反应温度，单位为℃。

可得菌体的生长速率为：

$$\mu = A_X \cdot \exp\{-E_X / [R(273 + T)]\} \frac{S}{(K_X + S)} \cdot \frac{C_o}{(K_{OX}X + C_o)} \qquad (1-6)$$

可推得菌体生长模型为：

$$\frac{dX}{dt} = A_X \cdot \exp\{-E_X / [R(273 + T)]\} \frac{S}{(K_X + S)} \cdot \frac{C_o}{(K_{OX}X + C_o)} X - \frac{X}{V} \frac{dV}{dt} \qquad (1-7)$$

通过以上对微生物发酵机理特性的分析，证明了间歇生产过程中的微生物发酵生产过程数据具有非线性特性，因此在间歇过程的监测中非线性部分的监测不能忽视。

1.2.3 间歇过程的多阶段特性

间歇生产的过程往往呈现多阶段特性，间歇过程的各个阶段都有不同的过程主导变量和过程特征，而且间歇生产过程变量数据之间的相关性是跟随过程操作进程呈现分阶段变化的特性，并非随时间时刻变化，即相同阶段内的间歇生产过程变量数据之间的相关关系基本一致，具有相同的过程主导变量和过程特征，而在不同生产阶段内，其相互之间的相关关系变化较大。因此，对于间歇过程多阶段特性的监测，应该深入分析间歇生产过程的各个子阶段是否正常[36-38]，因为整个间歇生产过程是由各个子阶段生产过程组成的，当某一个或某几个生产子阶段出现异常时，间歇生产过程就会出现异常，需要及时报警。举例来说，微生物发酵过程是一个典型的多阶段过程，按照菌体生长和代谢规律可以将这个过程分为四个时期：迟滞期（菌体的调整期）、对数生长期（生长旺盛期）、稳定期（平衡期）和死亡期（衰退期）。在间歇发酵过程中，可以观测到一个典型的生长曲线，或者称之为生长周期。一个生长周期中会出现不同的阶段，包括：迟滞期、加速期、指数期、减速期、稳定期、指数衰减期和死亡或生存期。在菌体迟滞期生长阶段内，微生物各菌种刚刚接种到培养基上，需要有一个适应外部环境的过程，同时，微生物生长首先需要合成酶、辅酶等，此时期的菌体细胞数目并没有增加，菌体生长速率为零。菌种体现为发酵罐内菌种体积增大、蛋白质含量增加、对不良环境的抵抗能力下降等。在菌体指数生长阶段，微生物经过准备，储备了足够的营养物质以保证此时期的微生物菌体生长所需的养分，同时菌体生长所需的外界环境等条件也达到最佳状态。在菌体生长稳定阶段内，活跃的微生物菌种的数量保持相对稳定、总体菌种的数量则达到历史最高水平，同时，微生物菌种细胞代谢的次级产物也达到最高水平。开始产生产物，有害代谢产物开始积累，微生物的生长环境开始变得不适宜。在衰亡期，此时外界环境对微生物的继续生长越来越不利，菌体出现自溶死亡现象。在微生物菌体生长的过程中，需要大量消耗培养基中的营养成分来维持生长，当营养成分不足时，微生物菌种的生长速率开始下降，直至停止，这时就进入微生物菌体生长的停止期。在微生物菌体生长停止阶段内，微生物需要继续生长而消耗培养基的营养成分，直至培养基中的营养物质被消耗殆尽，这里需要注意的是，微生物菌体在生长过程中，如果用于维系菌种生长所需的营养物质不充分，就可能会产生有害的微生物菌种，会破坏有益菌种的产生，此时便进入菌体死亡期[38]。

通过以上微生物发酵的机理分析可以看出，间歇过程的多阶段特性会体现在数据中，因此在对间歇过程进行监测时应该考虑间歇过程的多阶段特性。

1.3 间歇过程统计建模与故障监测研究

多元统计过程监测（MSPM）是近年来在流程工业中出现的新兴术语。多元统计过程监测更注重对整个过程流程的状态监测，属于质量控制的范畴[38-40]。它是以提高系统运行过程的可靠性和安全性、保证产品质量和品质为主要目的，以过程故障检测、故障诊断以及故障恢复为主要任务的一门新兴的边缘性学科。

1.3.1 间歇过程监测的常见统计分析方法

基于多元统计分析技术的过程监测算法主要采用多元投影降维技术来处理生产过程数据，实现生产过程的统计建模和在线过程监测。这种多元投影算法的核心是将大量的、高维的过程变量投影到维数较少的由主元变量构成的模型特征空间，其关键就是设法找到这些代表生产过程主要特征的维数较少的主元变量或潜隐变量或独立元，用它们来描述整个生产过程的主要特征。目前基于 MSPM 的方法已在欧洲和北美的工业生产中得到了推广应用[39]。常见的方法主要包括多向主元分析（MPCA）[6-10]、多向偏最小二乘（MPLS）[11-16]和多向独立成分分析（MICA）[17-22]。

1.3.1.1 多向主元分析（Multiway Principal Component Analysis，MPCA）

多向主元分析（MPCA）在分析间歇过程数据时从本质上来说在算法和功效上与应用于连续过程的主元分析（PCA）是一样的，只不过在应用该技术进行统计建模之前，首先需要将间歇过程的三维数据矩阵展开成二维数据矩阵然后再用 PCA 进行建模分析。

主元分析（PCA）是一种线性化的多元统计方法，其主要思想是通过线性变换求取能够代表数据主要信息的几个主元变量（通常情况下，主元个数少于过程变量个数），将高维数据空间投影到低维主元空间。PCA 原理如下：采集处于正常操作条件下的过程数据，对其进行标准化处理，得到均值为 0，方差为 1 的数据矩阵 $X_{n \times m}$（n 为采样数，m 为测量变量数）。将数据矩阵 X 分解为 m 个向量的外积之和，即

$$X = TP^{\mathrm{T}} = \sum_{j=1}^{m} t_j p_j \qquad (1\text{-}8)$$

在式（1-8）中，$t_j \in \Re^n$，$p_j \in \Re^m$ 分别为得分向量与负荷向量。得分向量也叫作 X 的主元（Principal Component，PC）。其中 T 为得分矩阵，P 为负荷矩阵。各个得分向量之间是正交的，即对任何 i 和 j，当 $i \neq j$ 时，满足 $t_i^{\mathrm{T}} t_j = 0$。各个负荷向量之间也是相互正交的，且每个负荷向量的长度都为 1，即 $p_i^{\mathrm{T}} p_j = 0$（$i \neq j$）；$p_i^{\mathrm{T}} p_j = 1$（$i = j$）。

将式（1-8）两侧同时右乘 p_i，可得到：

$$t_i = X p_i \qquad (1\text{-}9)$$

由式（1-9）可知，每一个主元的得分向量实际上是数据矩阵 X 在与这个得分向量相对应的负荷向量方向上的投影，主元向量 t_i 的长度反映了数据矩

阵 X 在负荷向量 p_i 方向上的覆盖程度。主元向量的长度越大，X 在 p_i 方向上的覆盖程度或者变化范围也就越大。在求取主元的过程中，X 的协方差矩阵的特征值 λ_i 对应着主元得分向量的内积 $\|t_i\|$；负荷向量 p_i 是 λ_i 对应的特征向量。按其长度将得分向量做以下排列 $\|t_1\| \geqslant \|t_2\| \geqslant \cdots \geqslant \|t_m\|$，那么第一个主元提取了最多的方差信息，第一个负载向量则代表了方差变化最大的方向。当 X 中的变量之间存在一定程度的线性关系时，数据 X 的变化则会主要体现在最前面的几个负荷向量方向上，矩阵 X 在后面的几个负荷向量上的投影将会很小，而这些则主要是由于测量噪声引起的。这样就可以将矩阵 X 进行主元分析写成下式[37,38]：

$$X = \hat{X} + \tilde{X} = \sum_{i=1}^{R} t_i \otimes p_i + E \qquad (1-10)$$

其中，$\hat{X}$ 代表主元子空间，$\tilde{X}$ 代表残差子空间，E 为残差矩阵，R 为保留主元数目。MPCA 具体使用如下：

（1）将三维矩阵展开为二维矩阵并进行相应展开方式的数据标准化处理。

（2）将 PCA 用于二维矩阵 X，计算相应的得分向量和负载向量，并按照累计方差贡献率大于或等于 85% 来选择主元的个数 A，建立起在线应用的监测模型和计算监测统计量的控制限。

1.3.1.2　多向偏最小二乘（Multiway Partial Least Square，MPLS）

在 PCA 分析中，对输入变量矩阵 X 进行分解，设法获得能够最大代表数据 X 变化的特征方向。PCA 针对一个数据表进行分析提取出其中的主要成分信息的 T 仅代表 X 最大变化的特征方向，并不是寻找 X 与 Y 最相关的特征方向，其中 Y 为输出矩阵。而偏最小二乘方法在寻找 X 与 Y 的偏最小二乘回归分析中，对数据矩阵 X 和输出矩阵 Y 的分解是逐步迭代进行的，从中揭示出现象与结果之间的隐含规律，通过数据矩阵 X 与输出矩阵 Y 之间相互交换分解信息，找到最优的特征方向。将 MPCA 处理三维数据的方式拓展应用到 PLS 方法中，得到 MPLS 算法也具备建立间歇过程中三维过程数据 X（$I \times J \times K$）和二维质量数据 Y（$I \times J_y$）之间回归关系的能力。和 MPCA 类似，MPLS 的主要思路是先将三维的过程数据按照批次展开方式组合成二维数据矩阵 X（$I \times JK$），然后用 PLS 算法提取过程测量数据和质量数据之间的回归关系。

目前，文献中已有不同的算法用于计算 PLS，但比较通用的算法是 NIPALS 算法[42-44]。其基本关系式如下：

$$X = TP^{\mathrm{T}} + E \qquad (1-11)$$

$$Y = UQ^T + F \qquad (1-12)$$

式中，U 和 Q 为系统输出 Y 的得分与负荷矩阵；矩阵 B 描述了输入矩阵 X 的主元与输出空间的内部关系；其他字母的含义同 PCA。PLS 用于过程监测的步骤与 PCA 是类似的，详见参考文献［6］。

1.3.1.3　多向独立成分分析（Multiway Indenpence Component Analysis，MICA）

独立成分分析（ICA）与 PCA、PLS 方法相比有以下两方面的不同：一方面变换后的独立成分不需要满足正交条件；另一方面 ICA 不仅去除了变量之间的相关性而且还包含了高阶统计特性[40-43]，下面就 ICA 原理展开介绍如下：

假设观测变量 $x_1, x_2 \cdots, x_J$，其中 J 为观测变量的个数，它们分别是 $\tilde{A}(\tilde{A} \leqslant J)$ 个非高斯分布的独立成分的线性组合。ICA 的目的就是要根据仅有的过程测量数据 X，无须任何先验过程知识，估计出独立主元 S。独立主元与原始过程测量变量之间具有以下关系：

$$X = AS \qquad (1-13)$$

其中，$A \in \mathbb{R}^{J \times \tilde{A}}$ 为混合矩阵；x 为 J 维观测变量矢量；s 为 $\tilde{A}$ 维独立变量矢量。独立成分是隐含变量，它不能直接被观测到，而且混合系数矩阵 A 也是未知的，已知的仅是观测变量 x，那么如何利用观测变量 x 在尽可能少的假设条件下估计出混合系数矩阵 A 和 s。ICA 的目的就是要寻找一解混矩阵 W，通过它能由观测变量 x 得到相互独立的源变量

$$y = Wx \qquad (1-14)$$

其中，y 即为 s 的估计矢量。若分离矩阵 W 是 A 的逆，y 即是源变量 s 的最佳估计。对混合矩阵 A 的求取等价于求取解混矩阵 W。

白化预处理通常是通过 PCA 运算实现的，白化变量实际上是标准化为单位方差的 PCA 主元得分。白化转换可表示为

$$z = \Lambda^{-1/2} U^T x = Qx \qquad (1-15)$$

其中，$Q = \Lambda^{-1/2} U^T$ 是白化矩阵，U 和 Λ 分别是对协方差矩阵进行特征分解得到的特征向量阵和特征值对角阵。

白化处理后，结合公式（1-13），可推导出下列关系：

$$\begin{aligned} z &= Qx = QAS = Bs \\ s &= B^T z = B^T Qx = A^T Q^T Qx \end{aligned} \qquad (1-16)$$

其中，$\mathrm{E}(zz^T) = B, \mathrm{E}(ss^T) = B^T, BB^T = I$，推导得知 B 为正交矩阵。

对混合矩阵 A 的求取等价于求取分解矩阵 W，结合公式（1-13）和公式（1-16），可以很容易推导得到 W 和 A 之间的关系：

$$W = B^T Q = B^T \Lambda^{-1/2} U^T$$
$$A = W^{-1} = U \Lambda^{1/2} B \tag{1-17}$$

在 ICA 模型中，观测变量 x 由 $\tilde{A}$ 个独立的源信号混合而成。因此，x 比任意一个源信号更趋于高斯分布，若能找到一个向量 w 作用到 x 上，使得变换后的结果非高斯性最大，则得到的就是其中一个源信号。由信息论可知，负熵[42,43]来自于信息论中熵的概念。随机变量的熵解释了给定观察变量所包含的信息的多少，变量越"随和"，其非高斯性则越强，熵就越小。负熵 J 的定义如下：

$$J(y) = H(y_{gauss}) - H(y) \tag{1-18}$$

式中，y_{gauss} 是与 y 具有相同方差高斯分布的随机变量，$J(y)$ 称为负熵。由上述可知，$J(y) \geq 0$ 同时当且仅当 y 具有高斯分布时，$J(y) = 0$。y 的非高斯性越强，$J(y)$ 越大。由于实际的概率密度函数并不知道，通常采用式（1-19）去逼近负熵 $J(y)$，其定义如下：

$$J(y) \approx k \left\{ E\left[G(y) - G(v) \right]^2 \right\} \tag{1-19}$$

式中，k 为常数；v 是均值为 0、方差为 1 的高斯变量；函数 G 为一些非二次函数，可选多种形式，具体形式如下：

$$G_1(u) = \log\cosh(a_1 u)/a_1$$
$$G_2(u) = -\exp(-a_2 u/2)/a_2 \tag{1-20}$$
$$G_3(u) = u^4/4$$

式中，$1 \leq a_1 \leq 2, a_2 \approx 1$。在上述三种形式中，$G_1$ 是最为常用的一种形式，可用于一般目的的独立成分提取；G_2 一般用于独立成分具有强烈的超高斯性，且对估计的鲁棒性要求很高的情况；G_3 一般只用于独立成分具有亚高斯性的情况。为了估计独立元 s 与分解矩阵 W，学者已提出了多种 ICA 算法[51-53,61-70]。本书采取了芬兰学者 Hyvarine 提出的快速 ICA 算法[52,53]，根据负熵最大化原理提取数据的独立成分。

1.3.2　基于多元统计方法的过程监测

基于多元统计方法在进行过程监测时是将原始的高维测量数据空间压缩到一个低维的特征空间中，其最终目的是提取生产过程的特征建立起相对应的用于生产过程的监测模型，提示生产过程运行状态是否异常，保证生产的安全运行。过程监测模型的建模所用的生产过程数据来自记录生产数据库中生产过程无异常的历史数据，反映的是生产过程中正常操作工况下过程变量自身的自相关关系和生产过程变量之间的互相关关系，当生产过程变量的运行轨迹或者过程变量之间的互相关关系发生变化时，表明此时的生产出现异常，计算并监视多元监测统计量是否超出监测控制限，若发现其超出监测控制限，可以检测到这些异常工况的发生。

1.3.2.1　基于 MPCA/MPLS 的过程监测

（1）确定统计量控制限

MPCA 将数据矩阵 $\boldsymbol{P} \in \Re^{n \times m}$（其中，$n$ 为样本个数，m 为变量个数）分解，得到的 $\boldsymbol{T} \in \Re^{n \times R}$ 和 $\boldsymbol{P} \in \Re^{m \times R}$ 分别为得分矩阵和负载矩阵。主元空间中的投影把原始变量矩阵降为 R 个隐含变量。当给定一个新的样本向量 $\boldsymbol{x} = [x_1, x_2 \cdots, x_m]$，则其主成分得分和残差量可由下式得到：

$$\begin{aligned}
\boldsymbol{t} &= \boldsymbol{xP} \\
\hat{\boldsymbol{x}} &= \boldsymbol{xPP}^\mathrm{T} \\
\boldsymbol{e} &= \boldsymbol{x} - \hat{\boldsymbol{x}} = \boldsymbol{x}(\boldsymbol{I} - \boldsymbol{PP}^\mathrm{T})
\end{aligned} \tag{1-21}$$

当运用 PCA 模型进行监测时，构造监测统计量来描述间歇生产过程的特征。常用的统计量有 T^2 统计量和平方预测误差 SPE 统计量。T^2 统计量是对模型内部变化的一种度量，反映间歇过程数据变化趋势和幅值上偏离正常历史数据的程度，它可以用来对多个主元同时进行监测；SPE 统计量是对模型外部变化的一种度量，刻画了输入变量的测量值对主元监测模型的偏离程度。在过程数据服从正态分布的前提下，确定监测统计量 T^2 和 SPE 及其对应的监测控制限，其监测统计量和控制限定义如下：

$$T^2 = \boldsymbol{t}^\mathrm{T} \boldsymbol{S}^{-1} \boldsymbol{t} \tag{1-22}$$

其中，$\boldsymbol{S} = \mathrm{diag}\,(\lambda_1, \lambda_2, \cdots, \lambda_R)$ 是由建模数据集 X 的协方差的前 R 个较大特征值构成的对角矩阵。显然，T^2 统计量是由前 R 个主元得分共同构成的一个多变量指标；通过监视 T^2 控制图可以实现对多个主元同时进行监测，进而可以判断整个过程的运行状态。T^2 统计量服从 $\boldsymbol{F}$ 分布，其控制上限也通过 $\boldsymbol{F}$ 分布获得[6]：

$$T_\alpha^2 \sim \frac{R(n^2-1)}{n(n-R)} F_{R, n-R, \alpha} \tag{1-23}$$

式中，n 为建模数据样本个数；$F_{R, n-R, \alpha}$ 表示自由度为 $R, n-R$ 的 $\boldsymbol{F}$ 分布；α 为置信度。SPE 统计量的定义如下：

$$SPE = ee^{\mathrm{T}} = x(I - P P^{\mathrm{T}})x^{\mathrm{T}} \qquad (1-24)$$

SPE 统计量近似服从加权 χ^2 分布[8-10]，其监测上限可由下式（2-14）计算：

$$SPE \sim g\chi^2_{,h,\alpha}; g = \frac{v}{2m}; h = \frac{2m^2}{v} \qquad (1-25)$$

式中，m 和 v 分别表示建模数据中 SPE 的均值和方差。

（2）在线监测

在线 T^2 统计量：

$$T_k^2 = t_{new,k} S^{-1} t_{new,k}^T \qquad (1-26)$$

在线 SPE 统计量：

$$SPE_k = e_{new,k}^{\mathrm{T}} e_{new,k} = \left[x_{new,k}(I - PP^{\mathrm{T}}) \right]^{\mathrm{T}} \left[x_{new,k}(I - PP^{\mathrm{T}}) \right] \qquad (1-27)$$

式中，T_k^2 和 SPE_k 分别是当前 k 时刻计算得到的 T^2 和 SPE 统计量的值；$t_{new,k}(k=1,\cdots,K)$ 为新批次 k 时刻的主元得分向量；$S^{-1}(R \times R)$ 为对应 k 时刻 T_k 的协方差矩阵的逆矩阵。通过实时计算当前时刻过程数据的在线 T^2 监测统计量和 SPE 监测统计量以及与监测统计量对应的监测控制限，判断当前时刻的监测统计量是否超出监测控制限，用以判断生产运行过程是否正常。当生产过程发生异常时，监测统计量 SPE 和 T^2 超出监测控制限，以提示操作现场生产过程控制工程师对异常状况进行处理。

基于 MPCA 和 MPLS 方法的监测图都是用 T^2 和 SPE 两个监测统计量来反映生产运行过程的运行状态。前者代表当前生产过程的操作状态偏离正常生产过程操作状态的距离，正常生产过程的操作状态可以通过提取生产过程数据中的生产过程隐变量来获取其特征。通常情况下是用少数几个主成分或潜隐变量来表示生产过程数据主要的特征的（一般情况下，其主成分或潜隐变量的个数少于过程变量个数，达到降维的目的）。后者代表了生产过程的异常情况或者是由于测量时采集到的数据所具有的噪声导致监测模型产生偏差而产生的误差幅度，这个监测统计量主要衡量正常生产过程的变量之间的相关性变化的程度，揭示生产过程的异常情况。总而言之，T^2 监测统计量表示能够被间歇生产过程监测模型解释的过程行为与实际正常间歇生产过程的偏差，SPE 监测统计量表示的是不能被间歇生产过程监测模型所解释的偏差。T^2 和 SPE 这两个监测统计量及监测图在实际应用时一般需要同时使用，当其中一个或者两个监测图较大地偏离了预期的范围时，都应该给出报警信号。

1.3.2.2　基于 MICA 的过程监测

（1）确定控制限

在 MICA 算法中，原始数据空间同样被分解为两个正交的子空间——独立主元子空间和残差子空间。MICA 监测系统中可以建立两类统计量：针对系统波动部分的 I^2 与针对残差部分的 $\mathrm{SPE}_{\mathrm{ICA}}$ 统计量。Lee 等人[17]定义的 ICA 监测系统中的第 n 个采样的 I^2 统计量计算如下：

$$I^2 = s_n^{\mathrm{T}} s_n \qquad (1-28)$$

其中，$s_n (J \times 1)$ 是该样本对应的独立主元向量。对于残差部分，每个采样的 SPE 统计量定义为

$$\mathrm{SPE}_{\mathrm{ICA}} = (x_n - \hat{x}_n)^{\mathrm{T}} (x_n - \hat{x}_n) \qquad (1-29)$$

由于不满足高斯分布的前提假设，ICA 统计指标的控制限无法像 PCA 中那样借助某种固定的分布规律进行估计。当数据分布规律无法确知时，采用基于核的非参数密度估计的方法[17-22]估计得出。

（2）在线监测

得到第 k 时刻的过程数据 x_k 后，先进行标准化处理。然后计算在线统计量，在线新时刻 k 的 I^2 统计量：

$$I_k^2 = s_k^{\mathrm{T}} s_k \qquad (1-30)$$

在线新时刻 k 的 SPE 统计量：

$$\mathrm{SPE}_k = e_k^{\mathrm{T}} e_k = (x_k - \hat{x}_k)^{\mathrm{T}} (x_k - \hat{x}_k) \qquad (1-31)$$

式中，I_k^2 和 SPE_k 分别是当前 k 时刻计算得到的统计量值；$s_k = W x_k$ 是当前时刻的主元得分；$\hat{x}_k = W^{-1} s_k$，$\hat{x}_k$ 是当前时刻数据向量 x_k 的估计。在线统计量与其对应的控制限进行比较，判断当前时刻系统是否出现异常。

上述传统 MSPM 方法虽已在一些实际工业过程中得到了应用，但是应该看到这些方法都具有较大的局限性，这是因为算法在实际应用的过程中做了以下几方面的假设[2]：（1）间歇过程的数据是线性的；（2）间歇过程始终处于稳定运行状态，变量之间不存在序列相关性；（3）过程数据符合统一分布如高斯分布或非高斯分布；（4）整个间歇生产过程是单一的。以上四个假设已经极大地限制了传统 MSPM 方法在实际过程中的应用，当实际工业过程不能满足上述四个假设条件时，如果继续使用传统 MSPM 方法对工业过程进行建模与监测，将会导致大量的误报警与漏报警，甚至使算法失效。因此，许多研究学者针对以上传统方法所具有的局限性，提出了改进的方法。

1.3.3 针对多元统计监测方法改进的研究现状

1.3.3.1 针对非线性监测方法研究现状

根据上述分析，针对非线性的间歇过程，传统 PCA 的目标是把过程数据的空间分为主元子空间和残差子空间，并分别在主元子空间和残差子空间上实现过程监测、故障检测与诊断，其中主元子空间代表各个变量线性方向上的过程变量变化信息，而残差子空间代表线性冗余。但间歇过程工业中基本上会存在大量非线性过程，很多过程信息及这种变量之间的相互关系由于非线性问题的存在无法再被 PCA 描述，如果继续使用传统的 PCA 得到不可靠或者无效的监测结果。为了克服传统线性多变量的统计监测方法，应对非线性过程监测的不足，自 20 世纪 90 年代开始经过近 20 年的发展，学者们陆续扩展了以下两类方法[44]。

（1）基于神经网络的非线性 PCA

1991 年，Kramer 最早提出了基于神经网络的非线性 PCA[45]，该方法的基本思想是构造一个五层的神经网络，中间层的神经元个数小于输入层个数，类似于 PCA 中主元个数少于原始变量个数，从而实现降维的目的，中间层的输出为非线性主元。1996 年，Dong[46] 针对五层神经网络未给出有效确定各层神经元个数的方法以及中间层含义不明确等缺点，提出首先建立主元曲线，然后将五层神经网络分解为两个三层神经网络的方法，提高了计算效率。2000 年，Jia 给出了基于神经网络 PCA 控制限的计算方法。2004 年，Saegusa[48] 提出一种分级自相关神经网络，利用多个神经网络依次提取出数据中的主元，且根据主元对原始数据的预测误差判断主元个数。相对于 PCA，国内外学者也将基于神经网络的非线性建模思想植入 PLS 中，如 1992 年 Qin 等人[49]，1999 年 Baffi 等人[50-51] 将神经网络引入 PLS 中，用神经网络解决非线性问题。但是以上方法在间歇过程监测的应用中较少，分析原因，主要是以上各类方法的普遍缺点是神经网络训练过程一般比较复杂，其泛化能力也较难保证，并且如何确定合适的网络结构和规模、算法的快速收敛性等问题仍需进一步的研究。

（2）基于核学习的方法

核学习方法是以结构风险最小化理论为基础，具有较好的模型泛化能力，可有效解决模型的过拟合和欠拟合问题[52-53]，逐步成为机器学习、图像和语音识别等领域的研究热点。基于核方法的 KPCA 在 1998 年由 Schölkopf 等人[52]成功用于人脸识别及语音识别领域，之后，基于核统计的方法在过程监测领域的研究也有了较大进展。2004 年 Lee 等人[54]首次将 KPCA 应用到间歇过程故障监测领域，将原始线性不可分的数据通过核技巧映射到高维核空间使其线性可分，然后在线性可分的核空间进行 PCA 分析；2005 年其研究团队成员 Cho 等人[55]和 Choi 等人[56]在对 KPCA 进行深入研究后，提出了基于梯度下降算法的贡献图方法，用于过程故障的诊断，这弥补了传统线性贡献图方法不能应用于核方法的缺陷，因为过程变量在经核空间映射后很难再还原回去，核空间的数据缺乏实际的物理意义。针对动态性方面的改进，如 2004 年 Choi 等人[57]首次提出了将动态 KPCA 方法应用于连续过程监测领域；2010 年 Jia 等人[58]和 Zhang 等人[59]将其扩展到间歇过程监测领域，在核空间引入时滞矩阵可以更好地描述过程在时间方向上的相关性，突出过程的动态特征。2008 年 Choi 等人[60]及 2011 年 Zhang 等人[61]与小波分析相结合提出了多尺度 KPCA 用于过程监测，以上核 PCA 方法在过程监测领域都取得了优于 PCA 的监测效果。同时，核方法与 PLS 的结合也日趋成熟，2002 年 Rosipal[62]将核函数引入 PLS 中，提出了核偏最小二乘（Kernel PLS，KPLS）算法，该算法使得 PLS 具有处理非线性数据的能力，从而很好地建立起非线性输入输出之间的关系。最近几年 KPLS 算法被成功地应用于间歇过程的质量预测和过程监测中，2010 年 Zhang 等人[63]将 KPLS 方法扩展到间歇过程的监测领域并取得了不错的效果，同时其在 2013 年针对 KPLS 监测模型提出了同时考虑模型输入变量和输出变量基于贡献图方法的故障诊断技术，用于故障变量的追溯[64]。针对多向 KPLS 迭代算法容易造成模型的过拟合现象，Gao 等人[65]提出了基于随机梯度技术的修正多向 KPLS 算法，用于间歇过程的监测。针对过程的动态性，2013 年 Hu 等人[66]结合即时学习技术提出了即时学习 MKPLS，用于间歇过程的故障检测。2015 年 Zhang 等人[67]借鉴 DKPCA[60,61]技术提出了动态 DKPLS，并在间歇过程监测领域获得了良好的效果。2003 年 Kano[69]首次提出将 KICA 方法应用在过程的非高斯、非线性过程监测领域并取得了成功；2004 年 Yoo 等人[70]将其扩展到间歇过程的监测领域，并对独立元的选取做了修正，使得修正后的算法可以更加快速地选择独立元。2009 年 Zhang 等人[71]提出基于特征样本选择与 KICA 相结合的方法，减少核空间的计算量并将其应用在间歇过程的发酵监测中；2014 年 Mori 等人[68]将其扩展到非高斯、非线性领域，利用 KPLS 对 ICA 进行白化，提出了基于质量相关的非高斯过程监测，并取得了在间歇发酵过程中的成功应用。然而，以上传统的核方法在对工业过程进行监测时仍存在一些问题：（1）对核函数具体形式的选取；（2）如何减少核矩阵的计算量，其计算量会随着样本量的增加而呈现成倍的增长趋势，而且随着时间的进行其样本量也会逐渐增加；（3）如何在核特征空间进行故障变量追溯，由于原始过程变量在经核映射后其不具备原始测量变量的物理意义，无法按照传统线性方法的贡献图方法进行故障诊断。综上所述，基于核理论的非线性统计方法目前还未形成系统的理论方法，仍处于起步探索阶段。本课题致力于将核统计方法与复杂间歇生产过程的故障监测与诊断相结合，在深入研究 MKPCA 等算法后提出了基于多向 KECA（MKECA）的间歇过程监测算法。

1.3.3.2 针对过程多阶段监测方法的研究现状

针对间歇过程多阶段的监测，Wold 等人于 1996 年提出了分层多模块 PCA 算法[72]（Hierarchical PCA），将二维矩阵分割成若干相对独立的子矩阵，对这些子模块进行 PCA 分析得到底层模型，然后再对各个子模块的主成分所组成的得分矩阵进行 PCA 建模得到上层监测模型。分层多模块的 PCA 监测算法可以改进模型的可解释性并提高监测模型对过程故障的监测能力。1998 年 Rännar 等人[73]在前人研究的基础上提出了基于递推形式的分层多模块自适应 PCA 监测算法，并成功应用于间歇过程的监测中。但是上述方法需要对工艺有一定的了解，但是面对复杂的间歇过程如微生物反应过程，很难掌握其具体的机理特性和工艺流程。Wold 等人[72]于 1994 年指出，针对过程中两个明显具有不同特征的生产模态应该分别建立统计模型，可以更加准确、有效地监测并诊断过程中出现的异常工况。2008 年 Camacho 等人[75]和 Doan 等人[76]也验证了上述观点，但是上述思想仅考虑了生产过程的稳定阶段未考虑生产过程的过渡阶段，只考虑稳定子时段是不全面的，还需要考虑各个稳定子时段之间的渐变过程。为此，2004 年 Lu 等人[25]提出了基于 K-means 的间歇过程子时段划分算法，将间歇过程划分为各个稳定子时段和各个过渡阶段，利用与过渡模式相邻的两个子时段模型进行加权，来近似描述过渡模态的特性。2007 年 Zhao 等人[26]、2009 年 Yao 等人[77-78]在稳定子时段划分的基础上引入模糊隶属度作为与过渡模式相邻的两个子时段模型的权重系数，综合相邻两个稳定子时段的特性来近似描述过渡子时段的特性，提高了模型的监测精度，但是其在过渡阶段利用的是整体监测模型，即在整个过渡阶段内用一个整体 PCA 模型进行过程监测，未考虑过渡过程的动态非线性的特性，因此其在过渡阶段的监测效果不好，为解决过渡阶段监测的问题，2011 年 Qi 等人[44,78]利用模糊聚类对间歇过程进行阶段划分，并提出在稳定阶段建立 PCA 监测模型，过渡阶段建立 KPCA 监测，所建立的过渡阶段的监测模型充分考虑了间歇过程非线性的特性，因此，其在间歇过程的监测中优于 2007 年 Zhao 等人[26]、2009 年 Yao 等人[77-78] 的方法。然而，以上这些多阶段的监测方法并没有真正根据过渡过程的数据反映出过渡区域自身的过程特性，因为过渡过程是一种模态向另一种模态渐变的动态过程，变量的相关关系具有自身的变化特性。但是，从前期工作总结可以看出，目前的多阶段过程监测方法大多处于这样或那样的局部问题讨论之中，并没有研究针对多模态过程监测问题提出一个有效的、总体的解决办法。这个问题的存在制约了有效的多阶段过程监测及故障诊断方法的出现，同时也成为了多模态过程监测方法进行实际应用的巨大障碍。因此，本章在深入研究上述方法和间歇过程对象后，提出了解决多阶段复杂过程监测及故障诊断问题的整体框架，突破多阶段复杂工业生产过程监测领域的关键问题，并使多阶段过程监测方法得到真正的推广应用，将具有十分重要的理论研究意义和实际应用价值。

1.4　本书主要研究内容

本书从工业间歇过程中的实际应用出发，针对间歇过程数据的不同特点，分别从非线性、非高斯性、多阶段性等不同角度进行研究，改进传统多元统计监测方法的不足，以基于核熵成分分析（KECA）[81] 为主要统计分析工具，提出新的过程监测和故障诊断策略，实现对间歇过程的在线监测。本书的主要研究内容如下：

（1）基于 KECA 方法的间歇过程监测方法的研究

针对大多数间歇过程都具有复杂的非线性特征，深入分析了 KECA 和 KPCA 方法，提出了多向核熵成分分析（MKECA）的间歇过程监测方法，它以信息熵为信息衡量指标，结合数据信息和数据簇结构信息使降维后的数据分布逼近原始数据分布。分析了不同的展开方式对实际间歇过程监测应用中存在的优缺点，提出一种改进的展开方法，用于对间歇过程进行过程监测与故障诊断。该方法对在线数据进行处理，使得展开后的数据不必进行数据填充即可进行过程监测，避免了由于数据预估带来的模型误差问题，提高了模型的监测性能。同时结合 MKPCA 的主元提取方法中的方差累积贡献率，提出核熵值累计贡献率的 MKECA 主元提取方法；最后给出一种随时间变化的贡献图故障诊断方法。仿真实验结果表明，MKECA 的监测性能优于传统的 MKPCA 方法，且具有一定的故障识别能力。

（2）基于 MKEICA 的间歇过程监测方法的研究

针对传统 MKICA 方法所建立的监测模型在非高斯、非线性监测方面的不足，本书研究了基于 MKEICA 间歇过程监测方法。首先利用将原始数据映射到核熵空间，在解决数据非线性问题的同时最大限度地保持数据的簇机构信息；其次将 KECA 白化后的得分矩阵进行 ICA 分解，构建高阶累计量的监测统计量用于过程监测。最后将该方法应用于一个数值非线性过程和间歇发酵过程，并与传统 MKICA 方法进行比较，验证了基于 MKEICA 方法在间歇过程监测中的有效性。

（3）间歇过程阶段划分及过程监测方法的研究

对间歇生产过程进行多阶段监测是一个复杂的问题，既需要考虑过程监测在稳定模态下的监测效果，又需要考虑过渡模态下的监测效果。不同操作模态的数据在数据相关性上会不尽相同，需要针对每个模态，建立不同的阶段模型。两个彼此相邻的稳定模态间的过渡过程更是复杂，过渡模态最大的特点是变量的时变特性，针对这一特性在过渡阶段使用时变协方差代替固定协方差可以更好地反映这一特性。本书提出了一种应用于间歇过程多阶段的过程监测方法，该方法首先把三维数据矩阵按照时间片展开策略展开为新的二维数据；其次根据各时间片的数据进行 KECA 数据转换，然后依据核熵的大小对过程进行阶段划分，将生产操作过程划分为稳定阶段和过渡阶段，并分别建立监测模型对生产过程进行监测；最后对青霉素发酵仿真平台的应用表明，采用提出的 sub-MKECA 阶段划分结果能很好地反映间歇过程的机理，并且对于多模态过程的故障监测表明其可以及时、准确地发现故障，具有较高的实用价值。

（4）基于 MKEICA 的多阶段非高斯过程监测方法的研究

针对传统 MKICA 方法不能有效处理间歇过程数据多阶段特性的问题，提出一种结合 MKEICA 的多阶段监测策略。该方法的主要思想是利用 KECA 对过程数据进行阶段划分，由于使用 KECA 对数据进行划分后，数据在核熵空间会呈现非高斯特性，故引入 ICA 模型对其进行分解，在独立元子空间和残差子空间内构造基于高阶累计量的监测统计量 HS 和 HE，新的高阶监测统计量与传统的低阶监测统计量相比，可以更加完整地提取过程数据的特征。因此基于 KECA 划分操作阶段建立 ICA 模型解决非高斯分布问题是合理和可行的。将该方法应用于青霉素发酵过程的仿真平台和工业大肠杆菌制备白介素-2 发酵过程监测，结果显示所提出的方法能较好地处理过程的非高斯分布数据，在一定程度上克服了时序相关性对监测性能的影响。

（5）基于子阶段的质量相关过程监测方法的研究

在对基于 KICA-PCA 和 T-PLS 算法进行深入分析的基础上提出的子阶段质量相关的过程监测方法，用 HS 统计量捕获过程各个子阶段的非高斯特征，建立新的联合统计量捕获与质量相关的各个子阶段的高斯信息，通过对工业制备大肠杆菌的间歇发酵过程的应用表明该监测策略确实能有效减少生产过程中监测的误警率和漏报率，较好地反映各阶段的特征多样性，为多操作阶段、非高斯分布、高斯分布的间歇发酵过程监测提供一种可行的解决方案，具有一定的实用价值。

1.5 本书组织结构

本书共分 6 章，各章节内容如图 1-4 所示，各章内容安排如下：

第 1 章 绪论。对本课题的学术背景及理论进行了简要介绍，回顾了基于数据驱动的 MSPM 的发展历史、研究现状及存在的问题，并对本书的主要研究内容进行概述。

第 2 章 基于核熵成分分析的间歇过程监测方法研究。分析了不同数据的展开方式对传统 MKPCA 方法产生的或好或坏的影响，在此基础上，提出了一种多向 KECA 方法，通过仿真实验，可有效降低过程监测故障的漏报率或误警率。

第 3 章 基于核熵独立成分分析的问题过程监测方法研究。本章提出了一种新的过程监测方法，该方法首先利用 KECA 代替传统 KPCA 为 MKICA 进行数据白化处理，使得白化后的数据矩阵可以更好地保持原始的数据结构；其次针对传统 MKICA 监测统计量为二阶的不足，提出了三阶累积量的监测统计量用于过程监测，旨在克服传统统计量对这类过程存在较高误警率和漏报率的问题，改善了故障监测的可靠性和灵敏度。

第 4 章 基于核熵成分分析的间歇过程多阶段监测方法研究。本章提出了一种同时应用于间歇过程子阶段划分和过程监测的新策略，该方法首先把三维数据按照时间片展开策略展开为新的二维数据；其次根据各时间片的数据进行 KECA 数据转换，然后依据核熵的大小对过程进行阶段划分，将生产操作过程划分为稳定阶段和过渡阶段，并分别建立监测模型对生产过程进行监测，可有效降低多阶段过程监测故障的漏报率或误警率。

第 5 章　间歇子阶段非高斯过程监测方法研究。本章提出一种全新的多阶段 sub-MKEICA 的过程监测方法。该方法克服了传统方法在相邻子类边界的误分类以及过渡过程中出现的非线性、非高斯等问题，改善了模型的精度，可有效降低过程监测在过渡阶段故障的漏报率或误警率。

第 6 章　基于质量相关的间歇过程监测方法研究。本章分析了时序相关的测量数据对基于过程变量的统计监测方法的影响，提出一种基于子阶段质量相关的过程监测方法，可有效降低过程质量相关故障监测的漏报率或误警率。

结论部分对本书的主要工作进行了总结，并结合本书已进行的研究工作以及当前领域的研究趋势，对进一步研究的方向进行了探讨，对下一步的研究工作做了展望。

本书最后为参考文献以及作者在攻读博士学位期间发表的论文、获得的专利、奖励和致谢。

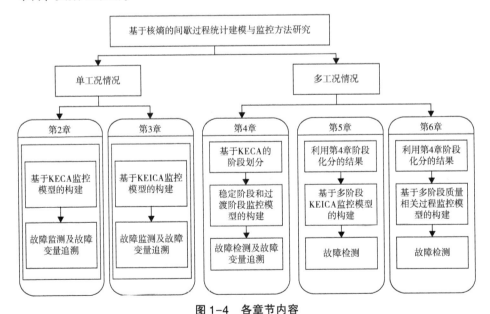

图 1-4　各章节内容

Fig. 1-4　The main content of this book

第2章 基于核熵成分分析的间歇过程监测方法研究

2.1 引言

在第 1 章绪论中，我们介绍了间歇过程数据的特点，间歇过程的非线性是其固有特征，传统的过程监测方法如多向主元分析（MPCA）[3-10]、多向偏最小二乘（MPLS）[11-16]在面对复杂的非线性间歇过程如微生物发酵过程、污水处理等过程时，由于复杂的微生物反映机理使得变量之间存在较强的非线性关系，如采用线性方法进行生产过程统计建模以及过程监测，必然会导致故障的大量误报警和漏报警现象，在有些情况下甚至会失去对生产过程故障的监测性能[49-58]。这主要是因为 MPCA 等方法在进行间歇过程监测建模时会假定过程变量之间满足线性相关性[6]，按照保留的数据最大方差方法进行数据降维，提取不相关的最大几个潜隐变量的主元，使得降维后的数据方差结构与降维前的最大限度地保持一致。然而，如果较小的主元中正好包含重要的非线性信息，则舍弃较小的主元会导致重要生产过程信息丢失，使模型不能很好地描述生产过程。另外，实际工业流程中的间歇生产过程数据变量之间往往具有非线性和耦合性，变量之间很难满足线性相关性的假设。

针对上述问题，Schölkopf 等人[52]提出了核主元分析（KPCA）方法，它是利用核技巧将输入空间的非线性数据映射到高维空间，使得在原始数据空间的数据线性不可分变为高维核空间的线性可分，利用核技巧把线性方法扩展应用到非线性的间歇生产过程的监测领域[54-59]。但是，KPCA 方法仅能得到非线性的主元，并未考虑在高维核特征空间中对数据进行重构及建立应用于过程监测的统计量的监测图，因此 KPCA 方法不能直接应用在间歇过程的监测领域。为此，2004 年 Lee 等人[54]首次将 KPCA 应用到间歇过程故障监测领域，将原始线性不可分的数据通过核技巧映射到高维核空间使其线性可分，然后在线性可分的核空间进行 PCA 分析；2005 年其研究团队成员 Cho 等人[55]和 Choi 等人[56]在对 KPCA 进行深入研究后，提出了基于梯度下降算法的贡献图方法用于过程故障的诊断，这弥补了传统线性贡献图方法不能应用于核方法的不足，因为过程变量在经核空间映射后很难再还原回去，核空间的数据缺乏实际的物理意义；针对动态性方面的改进如 2004 年 Choi 等人[57]首次提出了动态 KPCA 方法应用在连续过程监测领域，2010 年 Jia 等人[58]和 Zhang 等人[59]将其扩展到间歇过程监测领域，在核空间引入时滞矩阵可以更好地描述过程在时间方向上的相关性，突出过程的动态特征。2008 年 Choi 等人[60]及 2011 年 Zhang 等人[61]与小波分析相结合提出了多尺度 KPCA 用于过程监测，以上 MKPCA 方法在间歇过程的监测领域都取得了优于 MPCA 的监测效果。然而，采用基于 KPCA 方法进行间歇过程在线监测时有以下两方面的问题：①需要估计测量变量未来时刻的值势必影响模型的精度[2,3,6,42,36]；②MKPCA 及其改进算法都是利用核技巧在高维特征空间使数据信息最大化进行数据降维，未考虑数据的簇结构信息[81]，使得降维后的数据分布与原始数据分布有很大的差异，使用这种模型进行过程监测会导致大量故障的漏报警和误报警现象。为解决上述问题，本章对多向 KPCA（MKPCA）方法进行了深入研究后，提出了基于多向核熵成分分析（MKECA）的间歇过程监测方法，该方法克服了传统 MKPCA 监测模型的不足，MKPCA 在进行特征提取时只考虑了数据结构信息，忽略了数据的簇结构信息，而数据的簇结构是间歇过程的固有特性，忽略簇结构信息的模型在监测间歇过程时漏报率和误报率会很高。MKECA 算法的核心思想是将原始数据投影到高维特征空间，与 MK-PCA 相同，同样需要对核矩阵进行特征分解，不同的是，不以方差的大小来选择特征向量，而是选取前 n 个对核熵贡献最大的特征向量，然后将原始数据向这些特征向量投影构成新的数据集，这样不仅可以最大程度地保持原始间歇过程数据的空间分布，而且能够提高模型的精度；当在线监测时，应用 AT 展开方法对在线数据进行处理，使得展开后的数据不必进行数据填充即可进行过程监测，避免了由于数据预估带来的模型误差问题，提高了模型的监测性能。同时理论推导了基于时刻贡献图的故障诊断方法，通过仿真数值实例和青霉素发酵平台的应用，验证了该方法可以有效地监测过程中的非线性过程，当发现故障后利用本章的时刻贡献图方法可以准确地对故障变量进行追溯。

2.2 核熵成分分析（KECA）

2.2.1 KECA 的定义

核熵成分的是由 Jenssen[81]基于两个概念提出的，一个是 Renyi 熵：

$$H(p) = -\log V(p) = -\log \int p^2(\boldsymbol{x})\mathrm{d}\boldsymbol{x} \tag{2-1}$$

另一个是 Parzen 窗密度估计：

$$\hat{p}(\boldsymbol{x}) = \frac{1}{N}\sum_{x_i \in D}\boldsymbol{k}_\sigma(\boldsymbol{x}, \boldsymbol{x}_i) \tag{2-2}$$

式中，N 是样本的维数；$\boldsymbol{x}$ 是样本；$p(\boldsymbol{x})$ 是样本 $\boldsymbol{x}$ 的概率密度函数；$\boldsymbol{k}_\sigma(\boldsymbol{x}, \boldsymbol{x}_i) = \exp\left(-\|\boldsymbol{x} - \boldsymbol{x}_i\|/2\sigma^2\right)$，其宽度由参数 σ 控制，以均值对 $V(p)$ 进行估计，可以得到二次 $Renyi$ 熵的估计如下：

$$\begin{aligned}
\hat{H}(p) &= -\log \int_{-\infty}^{\infty}\left[\frac{1}{N}\sum_{i=1}^{N}\boldsymbol{k}_\sigma(x, x_i)\right]^2\mathrm{d}x = -\log\frac{1}{N^2}\int_{-\infty}^{\infty}\left[\sum_{i=1}^{N}\sum_{j=1}^{N}\boldsymbol{k}_\sigma(x, x_j)\cdot\boldsymbol{k}_\sigma(x, x_i)\right]\mathrm{d}x \\
&= -\log\frac{1}{N^2}\sum_{i=1}^{N}\sum_{j=1}^{N}\int_{-\infty}^{\infty}\boldsymbol{k}_\sigma(x, x_j)\cdot\boldsymbol{k}_\sigma(x, x_i)\mathrm{d}x = -\log\left[\frac{1}{N^2}\sum_{i=1}^{N}\sum_{j=1}^{N}\boldsymbol{k}_{\sqrt{2}\sigma}(x_j, x_i)\right]
\end{aligned} \tag{2-3}$$

因单调性不变，考虑式（2-3）中 $-log$ 后面的部分：

$$\hat{V}(p) = \frac{1}{N^2}\sum_{i=1}^{N}\sum_{j=1}^{N}\boldsymbol{k}_{\sqrt{2}\sigma}(x_j, x_i) = \frac{1}{N^2}\boldsymbol{I}^{\mathrm{T}}\boldsymbol{KI} \tag{2-4}$$

式中，$\boldsymbol{I}$ 是（$N \times 1$）的向量；$\boldsymbol{K}$ 为（$N \times N$）的样本核矩阵，$\boldsymbol{K}_{i,j} = \boldsymbol{k}_{\sqrt{2}\sigma}(x_i, x_j)$。由上，二次 $Renyi$ 熵可由样本核矩阵估计。将核矩阵 $\boldsymbol{K}$ 对角化得 $\boldsymbol{K} = \boldsymbol{EDE}^T$，$\boldsymbol{D} = diag(\lambda_1, \cdots, \lambda_N)$，$\boldsymbol{E} = (e_1, \cdots, e_N)$ 代入公式（2-4），可得：

$$\hat{V}(p) = \frac{1}{N^2}\sum_{i=1}^{N}\left(\sqrt{\lambda_i}\boldsymbol{e}_i^{\mathrm{T}}\boldsymbol{I}\right)^2 \tag{2-5}$$

由式（2-4）可以看出，在核熵成分分析（KECA）中是选择对 Renyi 熵贡献最大的前 i 个特征值及其对应的特征向量，可以得到特征空间的数据 $\boldsymbol{\phi}_{eca} = \boldsymbol{D}_i^{1/2}\boldsymbol{E}_i^{\mathrm{T}}$，进而得到特征空间中数据点的内积 $\boldsymbol{K}_{eca} = \boldsymbol{\phi}_{eca}^{\mathrm{T}}\boldsymbol{\phi}_{eca}$，而核主成分分析（KPCA）是选择前 k 个最大的特征值及其对应的特征向量，进而得到特征空间的数据[10] $\boldsymbol{\phi}_{pca} = \boldsymbol{D}_k^{1/2}\boldsymbol{E}_k^{\mathrm{T}}$，而 $\boldsymbol{K}_{pca} = \boldsymbol{\phi}_{pca}^{\mathrm{T}}\boldsymbol{\phi}_{pca}$。具体实现过程如下，假设 $k(k < N)$ 维数据通过 ϕ 映射到子空间 U_k，依据式（2-5）计算核熵值的大小，并依据核熵值的大小将核特征值和核特征向量进行重新排序，产生 KECA 的映射 $\boldsymbol{\phi}_{eca}$：

$$\phi_{eca} = \boldsymbol{D}_i^{1/2} \boldsymbol{E}_i^{\mathrm{T}} \tag{2-6}$$

转换成求最小值的问题，即

$$\phi_{eca} = \boldsymbol{D}_i^{\frac{1}{2}} \boldsymbol{E}_i^{\mathrm{T}} : \min_{\lambda_1 e_1, \cdots, \lambda_n e_n} \hat{V}(p) - \hat{V}_l(p) \tag{2-7}$$

$$= \boldsymbol{D}_i^{\frac{1}{2}} \boldsymbol{E}_i^{\mathrm{T}} : \min_{\lambda_1 e_1, \cdots, \lambda_n e_n} \frac{1}{N^2} \boldsymbol{I}^{\mathrm{T}} (K - K_{eca}) \boldsymbol{I}$$

2.2.2 KECA 与平均向量的关系

KECA 利用核技巧将数据映射到高维核空间后，利用核熵值的大小对其进行特征提取后，发现其高维空间的各数据呈现出与数据原点保持角结构形状，体现出 KECA 保留数据簇结构的特性，可以将式（2-4）看作是数据各平均向量之间欧式距离的最小化问题，改写形式如下：

$$\hat{V}(p_\sigma) = \frac{1}{N^2} \boldsymbol{I}^{\mathrm{T}} \boldsymbol{K} \boldsymbol{I} = \frac{1}{N^2} \boldsymbol{I}^{\mathrm{T}} \boldsymbol{\Phi}^{\mathrm{T}} \boldsymbol{\Phi} \boldsymbol{I} \tag{2-8}$$

$$\leqslant \frac{1}{N} \sum_{x_i \in D} \phi(x_i), \frac{1}{N} \sum_{x_{i'} \in D} \phi(x_{i'}) \geqslant \|\boldsymbol{m}\|^2$$

其中，$m = \dfrac{1}{N} \sum_{x_i \in D} \phi(x_i)$ 是核特征空间数据集的平均向量，设降维后的数据集为 $\Phi_{eca} = [\Phi_{eca}(x_1), \cdots, \Phi_{eca}(x_N)]$，降维后的熵表示为 $\hat{V}_k(p_\sigma) = \dfrac{1}{N^2} \boldsymbol{I}^{\mathrm{T}} \boldsymbol{K}_{eca} \boldsymbol{I} = \|\boldsymbol{m}_{eca}\|^2$，其中 $\boldsymbol{m}_{eca} = \dfrac{1}{N} \sum_{x_i \in D} \phi_{eca}(x_i)$ 是转换后数据 $\boldsymbol{\Phi}_{eca}$ 的平均向量。因此，KECA 数据转换的过程还可以用平均向量[82]来表示，具体形式如下：

$$\boldsymbol{\Phi}_{eca} = \boldsymbol{D}_k^{\frac{1}{2}} \boldsymbol{E}_k^{\mathrm{T}} : \hat{V}(p_\sigma) - \hat{V}_k(p_\sigma) \tag{2-9}$$

$$= \boldsymbol{D}_k^{\frac{1}{2}} \boldsymbol{E}_k^{\mathrm{T}} : \min_{\lambda_1 e_1, \cdots, \lambda_n e_n} \|\boldsymbol{m}\|^2 - \|\boldsymbol{m}_{eca}\|^2$$

由式（2-9）可知，在特征空间中 KECA 通过进行类似的相关操作，通过转换为最小值的优化问题实现数据变换：$\boldsymbol{\Phi}_{eca} = \boldsymbol{D}_i^{1/2} \boldsymbol{E}_i^{\mathrm{T}}$。与 KPCA 相比，第一个不同的是，KECA 在求解过程中需要计算核熵值，选择前 k 个较大核熵值 $\lambda_i \gamma_i^2$ 对应的核矩阵 $\boldsymbol{K}$ 经特征值分解后的特征值和特征向量，且它突破了仅依赖前最大 k 个最大特征值的局限性，具有降低计算机复杂度的特点。与 *KPCA* 相比，第二个不同是，*KECA* 的核空间矩阵不需要像 *KPCA* 那样重新对核矩阵进行中心化，因为其在核空间的数据零均值对应 $\hat{V}(p) = \|\boldsymbol{m}\|^2 = 0$，其对应的二次 *Renyi* 熵为 $H_2(\hat{p}) = -\log \|\boldsymbol{m}\|^2 = \infty$，也就是 KPCA 在核空间对数据中心

化相当于是 KECA 无穷大的二次 Renyi 熵值的输入数据。

2.2.3　KECA 的数据转换

设数据集 $X \in \boldsymbol{R}^N$，通过 KECA 将数据映射到特征空间 $F^{[83]}$：

$$\{\phi : \boldsymbol{R}^N \to \boldsymbol{F}, x \to \phi(x)\} \tag{2-10}$$

则有 $\boldsymbol{\phi} = \{\boldsymbol{\phi}_{x_1}, \cdots, \boldsymbol{\phi}_{x_M}\}$，KECA 以对式（2-4）中 $\hat{V}_2(p)$ 的贡献为标准，优先选取对 $\hat{V}_2(p)$ 贡献大的 $\langle \lambda_i, e_i \rangle$ 作为 KECA 投影方向 $\boldsymbol{\mu}_i$ 的组成部分，经过标准化 $\|\boldsymbol{\mu}_i\|^2 = 1$ 后的 KECA 投影向量为

$$\boldsymbol{\mu}_i = \frac{1}{\sqrt{\lambda_i}} \boldsymbol{\phi} \boldsymbol{e}_i \tag{2-11}$$

由式（2-10）和式（2-11）得到原数据在 KECA 变换轴上的投影为

$$\begin{aligned}
E_{\mu_i} \phi(x) = \boldsymbol{\mu}_i^{\mathrm{T}} \phi(x) &= \left\langle \frac{1}{\sqrt{\lambda_i}} \sum_{j=1}^{M} e_{i,j} \phi(x_j), \phi(x) \right\rangle \\
&= \frac{1}{\sqrt{\lambda_i}} \sum_{j=1}^{M} e_{i,j} \boldsymbol{K}_\sigma(x_j, x)
\end{aligned} \tag{2-12}$$

经过以上的分析后给出 KECA 的运行步骤，将数据集 ϕ 转换成 k 维的低维数据，KECA 数据转换步骤如下：

（1）对 $n \in \boldsymbol{Z}^+, \mathrm{a}_1, \cdots, \mathrm{a}_n > 1, \mu > 0$ 分别进行赋值，确定核函数 $k'(\boldsymbol{x}_i, \boldsymbol{x}_j; \sigma)$，并计算出其对应的核矩阵 $\boldsymbol{K}$。

（2）对 $\boldsymbol{K}$ 进行特征分解 $\boldsymbol{K} = \boldsymbol{E} \boldsymbol{D} \boldsymbol{E}^{\mathrm{T}}$，其中，$\boldsymbol{D} = diag\,[\lambda_1, \cdots, \lambda_N]$，$\boldsymbol{E} = (e_1, \cdots, e_N)$，$\boldsymbol{\mu}_i = \frac{1}{\sqrt{\lambda_i}} \boldsymbol{\phi} \boldsymbol{e}_i$ 计算每个 KPCA 轴的对应核熵的值 $\hat{V}(p) = \frac{1}{N^2} \sum_{i=1}^{N} \left(\sqrt{\lambda_i} e_i^{\mathrm{T}} \boldsymbol{I} \right)^2$，并对其对应的特征值和特征向量重新排序，从 KPCA 轴中选取前 k 个对核熵值贡献最大的前几个特征向量组成 $\boldsymbol{\mu}_i = \frac{1}{\sqrt{\lambda_i}} \boldsymbol{\phi} \boldsymbol{e}_i$，对应的特征值构成对角阵 $\boldsymbol{D}_i$，对应的特征向量则构成 $\boldsymbol{E}_i$。

（3）将数据集 ϕ 在 $\boldsymbol{\mu}_i$ 上投影为 $\boldsymbol{\phi}_{eca} = P_{\mu_i} \boldsymbol{\phi} = \boldsymbol{D}_i^{1/2} \boldsymbol{E}_i^{\mathrm{T}}$，$\boldsymbol{\phi}_{eca}$ 即为转换后得到的数据。

2.2.4　KECA 的谱聚类

KECA 聚类属于谱聚类，聚类的过程完全依赖于样本之间的特征差异，数据经过 *KECA* 映射到高维核熵空间后，不同的簇与核熵特征空间的原点分别构成相同的角度，不同簇之间保持一定的角度距离。经研究发现，*KECA* 聚类

是依据核熵的散度来进行的，下面就其散度进行研究，归纳以下两种对应的散度。核特征空间中的平均向量所成角度的余弦与概率密度函数之间的 *Cauchy-Schwarz* （*CS*）散度是一致的[83-85]。

2.2.4.1 综合误差平方的散度与均值向量（Integrated Suqared Error Divergence，ISE）

综合误差平方的散度可以利用 Parzen 窗估计得到，这里给出 ISE 的定义：

$$D_{ISE}(p_i, p_j) = \int \left[p_i(\boldsymbol{x}) - p_j(\boldsymbol{x}) \right]^2 \mathrm{d}\boldsymbol{x} = V(p_i) - 2\int p_i(\boldsymbol{x})p_j(\boldsymbol{x})\mathrm{d}\boldsymbol{x} + V(p_j)$$

$$(2-13)$$

这里当 $p_i(\boldsymbol{x}) = p_j(\boldsymbol{x})$，$D_{ISE}(p_i, p_j) \in [0, \infty)$，用 $\hat{p}_i(\boldsymbol{x})$ 和 $\hat{p}_j(\boldsymbol{x})$ 分别代替原式中的 $p_i(\boldsymbol{x})$ 和 $p_j(\boldsymbol{x})$，得到 ISE 的估计：

$$D_{ISE}(\hat{p}_i, \hat{p}_j) = \frac{1}{N_i^2} \sum_{x_i \in D} \sum_{x_{i'} \in D} k_\sigma(x_i, x_{i'}) - \frac{1}{N_i N_j} \sum_{x_i \in D} \sum_{x_j \in D} k_\sigma(x_i, x_j) + \frac{1}{N_i^2} \sum_{x_j \in D} \sum_{x_{j'} \in D} k_\sigma(x_j, x_{j'}) = \left\| \boldsymbol{m}_i - \boldsymbol{m}_j \right\|^2$$

$$(2-14)$$

对 ISE 进行扩展可得：

$$D_{ISE}\left(\hat{p}_1, \cdots, \hat{p}_C \right) = \sum_{i=1}^{C-1} \sum_{j>i} \int \left[p_i(\boldsymbol{x}) - p_j(\boldsymbol{x}) \right]^2 \mathrm{d}\boldsymbol{x} = \sum_{i=1}^{C-1} \sum_{j>i} \left\| \boldsymbol{m}_i - \boldsymbol{m}_j \right\|^2$$

$$(2-15)$$

2.2.4.2 柯西—施瓦茨散度与均值向量

已知第 i 个簇 $p_i(\boldsymbol{x})$ 的概率密度函数与总体 $p(\boldsymbol{x})$ 的概率密度函数的 CS 散度，这里给出其具体定义如下：

$$D_{CS}(p_i, p_j) = -\log \frac{\int p_i(\boldsymbol{x})p_j(\boldsymbol{x})\mathrm{d}\boldsymbol{x}}{\sqrt{\int p_i^2(\boldsymbol{x})\mathrm{d}\boldsymbol{x} \int p_j^2(\boldsymbol{x})\mathrm{d}\boldsymbol{x}}} \qquad (2-16)$$

$$D_{CS}(p_i, p_j) = -\log \int p_i(\boldsymbol{x})p_j(\boldsymbol{x})\mathrm{d}\boldsymbol{x} - \frac{1}{2}\hat{H}\left(p_i\right) - \frac{1}{2}\hat{H}\left(p_j\right) \qquad (2-17)$$

这里由 $\hat{p}(\boldsymbol{x}) = \frac{1}{N} \sum_{x_i \in D} k_\sigma(\boldsymbol{x}, \boldsymbol{x}_i)$ 得 $\hat{p}_i(\boldsymbol{x}) = \frac{1}{N_i} \sum_{x_i \in D} k_\sigma(\boldsymbol{x}, \boldsymbol{x}_i)$，$\hat{p}_j(\boldsymbol{x}) = \frac{1}{N_j} \sum_{x_i \in D} k_\sigma(\boldsymbol{x}, \boldsymbol{x}_j)$，具体形式如下：

$$V_{CS}\left(\hat{p}_i, \hat{p}_j\right) = \cfrac{\cfrac{1}{N_i N_j} \sum\limits_{\boldsymbol{x}_i \in D} \sum\limits_{\boldsymbol{x}_j \in D} \boldsymbol{k}_\sigma(\boldsymbol{x}_i, \boldsymbol{x}_j)}{\sqrt{\cfrac{1}{N_i^2} \sum\limits_{\boldsymbol{x}_i \in D} \sum\limits_{\boldsymbol{x}_{i'} \in D} \boldsymbol{k}_\sigma(\boldsymbol{x}_i, \boldsymbol{x}_{i'}) \cfrac{1}{N_j^2} \sum\limits_{\boldsymbol{x}_j \in D} \sum\limits_{\boldsymbol{x}_{j'} \in D} \boldsymbol{k}_\sigma(\boldsymbol{x}_j, \boldsymbol{x}_{j'})}}$$

$$= \cfrac{\left\langle \cfrac{1}{N_i} \sum\limits_{\boldsymbol{x}_i \in D} \boldsymbol{\phi}(\boldsymbol{x}_i) \right\rangle \left\langle \cfrac{1}{N_i} \sum\limits_{\boldsymbol{x}_j \in D} \boldsymbol{\phi}(\boldsymbol{x}_j) \right\rangle}{\sqrt{\left\langle \cfrac{1}{N_i} \sum\limits_{\boldsymbol{x}_i \in D} \boldsymbol{\phi}(\boldsymbol{x}_i), \cfrac{1}{N_i} \sum\limits_{\boldsymbol{x}_{i'} \in D} \boldsymbol{\phi}(\boldsymbol{x}_{i'}) \right\rangle \left\langle \cfrac{1}{N_i} \sum\limits_{\boldsymbol{x}_j \in D} \boldsymbol{\phi}(\boldsymbol{x}_j), \cfrac{1}{N_i} \sum\limits_{\boldsymbol{x}_{j'} \in D} \boldsymbol{\phi}(\boldsymbol{x}_{j'}) \right\rangle}} \quad (2-18)$$

$$= \cfrac{\langle \boldsymbol{m}_i, \boldsymbol{m}_j \rangle}{\sqrt{\langle \boldsymbol{m}_i, \boldsymbol{m}_i \rangle \langle \boldsymbol{m}_j, \boldsymbol{m}_j \rangle}} = \cos\angle\left(\boldsymbol{m}_i, \boldsymbol{m}_j\right)$$

V_{CS} 的散度估计与 D_{CS} 存在如下的对应关系。具体形式如式（2-19）所示：

$$D_{CS}(p_i, p_j) = -\log V_{CS}\left(\hat{p}_i, \hat{p}_j\right) = -\log\cos\angle\left(\boldsymbol{m}_i, \boldsymbol{m}_j\right) \quad (2-19)$$

这里 $\boldsymbol{m}_i = \cfrac{1}{N_i} \sum\limits_{\boldsymbol{x}_i} \boldsymbol{\phi}(\boldsymbol{x}_i)$，$\boldsymbol{m}_j = \cfrac{1}{N_i} \sum\limits_{\boldsymbol{x}_j} \boldsymbol{\phi}(\boldsymbol{x}_j)$ 分别是密度为 $\hat{p}_i(\boldsymbol{x})$ 和 $\hat{p}_j(\boldsymbol{x})$ 数据在核特征空间对应簇的平均向量。CS 散度通过 Parzen 窗密度估计，可以扩展到 C 个簇的情况，具体形式如下：

$$D_{CS}\left(p_1, \cdots, p_C\right) = -\log \cfrac{1}{\kappa} \sum_{i=1}^{C-1} \sum_{j>i} \cfrac{\int p_i(\boldsymbol{x}) p_j(\boldsymbol{x}) \mathrm{d}\boldsymbol{x}}{\sqrt{\int p_i^2(\boldsymbol{x}) \mathrm{d}\boldsymbol{x} \int p_j^2(\boldsymbol{x}) \mathrm{d}\boldsymbol{x}}} \quad (2-20)$$

通过上述推导，可以得出 CS 散度主要是对这些平均向量所成角度的余弦值进行了度量，具体形式如下：

$$\max_{D_1, \cdots, D_C} D_{CS}\left(p_1, \cdots, p_C\right) = \max_{D_1, \cdots, D_C} -\log \cfrac{1}{\kappa} \sum_{i=1}^{C-1} \sum_{j>i} \cfrac{\int p_i(\boldsymbol{x}) p_j(\boldsymbol{x}) \mathrm{d}\boldsymbol{x}}{\sqrt{\int p_i^2(\boldsymbol{x}) \mathrm{d}\boldsymbol{x} \int p_j^2(\boldsymbol{x}) \mathrm{d}\boldsymbol{x}}} \quad (2-21)$$

图 2-1 表示在核特征空间基于 Parzen 窗的 Renyi 熵估计 CS 散度和 ISE 散度，$\boldsymbol{m}_1$、$\boldsymbol{m}_2$ 代表两个均值向量，CS 散度表示两个均值向量之间的角度，ISE 散度表示两个均值向量之间的欧式距离。聚类用基于角度的价值函数可以表示为[86]

$$J\left(C_1, \cdots, C_C\right) = \sum_{i=1}^{C} N_i \cos\angle\left(\boldsymbol{m}_i, \boldsymbol{m}_j\right) \quad (2-22)$$

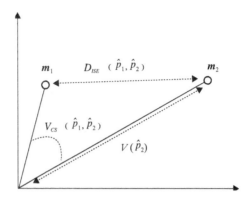

图 2-1　基于 Parzen 窗的核熵空间 CS、ISE 散度和均值向量之间的联系

Fig. 2-1　Illustration of the connection between Parzen window – based estimators of Renyi entropy, CS divergence, ISE divergence and mean vectors in Mercer kernel feature space.

我们用 KECA 转换后的数据 ϕ_{eca} 代表 ϕ 来优化基于角度的价值函数。

2.2.5　在特定情况下 KECA 等同于 KPCA

假设有数据集为 $D = x_1, \cdots, x_N$，将 D 分成 D_1 和 D_2 两部分，假定 $D = \mathrm{diag}(N_1, N_2)$，$k_\sigma(x_i, x_{i'}) = 1$，$k_\sigma(x_i, x_j) = 0$，$x_i \in D_1$，$x_j \in D_2$ 得 K 块对角阵如下：

$$K = \begin{bmatrix} 1^{N_1 \times N_1} & 0^{N_1 \times N_1} \\ 0^{N_2 \times N_1} & 1^{N_2 \times N_1} \end{bmatrix} \tag{2-23}$$

$$E = \begin{bmatrix} \dfrac{1}{\sqrt{N_1}} 1N_1 & 0_{N_1} \\ 0_{N_2} & \dfrac{1}{\sqrt{N_2}} 1N_2 \end{bmatrix} \tag{2-24}$$

由式（2-5）得

$$\hat{V}(p) = \frac{1}{N^2} 1^\mathrm{T} K_{eca} 1 = \frac{1}{N^2} (\sqrt{\lambda_1} e_1^\mathrm{T} 1) + \frac{1}{N^2} (\sqrt{\lambda_2} e_2^\mathrm{T} 1) \tag{2-25}$$

$$\boldsymbol{\Phi}_{keca} = D_k^{\frac{1}{2}} E_k^\mathrm{T} : \min_{\lambda_1, e_1, \cdots, \lambda_N, e_N} \hat{V}(p) - \hat{V}_k(p) \tag{2-26}$$

由式（2-26）得

$$\boldsymbol{\Phi}_{keca} = D_k^{\frac{1}{2}} E_k^\mathrm{T} : \min_{\lambda_1, e_1, \cdots, \lambda_N, e_N} \frac{1}{N^2} 1^\mathrm{T} (K - K_{eca}) 1 \tag{2-27}$$

将式（2-25）代入式（2-26）得

$$\boldsymbol{\Phi}_{keca} = \boldsymbol{\Phi}_{kpca} = \boldsymbol{D}^{\frac{1}{2}}\boldsymbol{E}^{\top} \tag{2-28}$$

进一步分析后发现，当 $\boldsymbol{x}_i \in \boldsymbol{D}_1 \to [1\ \ 0]^{\top}$，$\boldsymbol{x}_j \in \boldsymbol{D}_2 \to [0\ \ 1]^{\top}$，表明这两个数据集之间相互垂直，它们之间的夹角为 90°，特征向量代表着原始数据的簇结构信息。以上要假定核矩阵的特征值居中，但是实际的情况很难满足。为此，对其进行扩展，KECA 和 KPCA 是不同的数据转换，假定块的对角核矩阵为 $\boldsymbol{K} = \mathrm{diag}(\boldsymbol{K}', \boldsymbol{K}'')$，$\boldsymbol{K}'$ 和 $\boldsymbol{K}''$ 分别对应数据集 $\boldsymbol{D}_1$ 和 $\boldsymbol{D}_2$，其定义如下：

$$\boldsymbol{K}' = \begin{bmatrix} \boldsymbol{I}^{\frac{N_1}{2} \times \frac{N_1}{2}} & (\boldsymbol{I} - \gamma)^{\frac{N_1}{2} \times \frac{N_1}{2}} \\ (\boldsymbol{I} - \gamma)^{\frac{N_1}{2} \times \frac{N_1}{2}} & \boldsymbol{I}^{\frac{N_1}{2} \cdot \frac{N_1}{2}} \end{bmatrix} \tag{2-29}$$

$$\boldsymbol{K}'' = \beta \boldsymbol{I}^{N_2 \times N_2} \tag{2-30}$$

γ 是一个较小的值，得到 $\boldsymbol{D}'' = \beta N_2$，$\boldsymbol{E}'' = \dfrac{\boldsymbol{I}}{\sqrt{N_2}} \boldsymbol{I} N_2 \boldsymbol{D}' = \mathrm{diag}\left[N_1 \left(1 - \dfrac{\gamma}{2}\right), \dfrac{N_1}{2}\gamma \right]$，其向量的转置定义如下：

$$\boldsymbol{E}' = \begin{bmatrix} \dfrac{1}{N_1} \boldsymbol{I}_{N_1} & -\dfrac{1}{\sqrt{N_1}} \boldsymbol{I}_{\frac{N_1}{2}} \\ \dfrac{1}{\sqrt{N_1}} \boldsymbol{I}_{\frac{N_1}{2}} \end{bmatrix} \tag{2-31}$$

如果 $\dfrac{N_1}{2} = N_2$，$\gamma > \beta$，得到 $\lambda_1 = N_1 \left(1 - \dfrac{\gamma}{2}\right)$ 是最大特征值，$\lambda_2 = \dfrac{N_1}{2}\gamma$ 是第二大特征值，$\lambda_3 = \beta N_2$ 是最小的特征值。由于 β 较小，$\boldsymbol{D}_2$ 不影响聚类。我们得到 $\boldsymbol{D}' = \mathrm{diag}\left[N_1 \left(1 - \dfrac{\gamma}{2}\right), \dfrac{N_1}{2}\gamma, \beta N_2 \right]$，其向量定义如下：

$$\boldsymbol{E} = \begin{bmatrix} \dfrac{1}{\sqrt{N_1}} \boldsymbol{I}_{N_1} & -\dfrac{1}{\sqrt{N_1}} \boldsymbol{I}_{\frac{N_1}{2}} & \boldsymbol{0}_{N_1} \\ & \dfrac{1}{\sqrt{N_1}} \boldsymbol{I}_{\frac{N_1}{2}} & \\ \boldsymbol{0}_{N_2} & \boldsymbol{0}_{N_2} & \dfrac{1}{\sqrt{N_2}} \boldsymbol{I}_{N_2} \end{bmatrix} \tag{2-32}$$

KPCA 基于 $\lambda_1, \boldsymbol{e}_1$ 和 $\lambda_2, \boldsymbol{e}_2$ 进行数据转换，而 KECA 依据 Renyi 熵 $\hat{V}(p) = \dfrac{1}{N^2} \sum_{i=1}^{3} (\sqrt{\lambda_i} \boldsymbol{e}_i^{\top} \boldsymbol{I})^2$ 完成数据转换，其定义如下：

$$\hat{V}(p)=\frac{1}{N^2}\left[\left(\sqrt{\lambda_1}\frac{N_1}{\sqrt{N_1}}\right)^2+\left(\sqrt{\lambda_2}\,\boldsymbol{o}\right)^2+\left(\sqrt{\lambda_3}\frac{N_2}{\sqrt{N_2}}\right)^2\right]=\frac{1}{N^2}\left[\left(1-\frac{\gamma}{2}\right)N_1^2+\beta N_2^2\right] \quad (2-33)$$

$\lambda_2,\boldsymbol{e}_2$ 对 Renyi 熵的贡献为零，因此，KECA 依据 $\lambda_1,\boldsymbol{e}_1$ 和 $\lambda_2,\boldsymbol{e}_2$ 进行数据转换，同时也证明了当 $\lambda_2,\boldsymbol{e}_2$ 对 Renyi 熵的贡献为零时，KECA 的数据转换等同于 KPCA 的数据转换。

2.3 基于多项核熵成分分析的间歇过程监测

针对间歇过程的变量展开方式，目前常用的是批次展开和变量展开两种方式[23,36,37,44]，其中将三维数据沿批次展开，构成 $\boldsymbol{X}$（$I\times JK$）的二维数据矩阵，其主要优点是能够提取间歇生产过程的所有历史批次的平均轨迹，可以在一定程度上减弱或剔除过程变量在时间轴方向上的非线性，突出了间歇生产过程不同批次之间的差异。其主要缺陷是在线监测时需要对所需要处理的数据进行预估填充，即对当前时刻到批次结束时刻的测量值进行填充，这会为模型引入误差，降低模型的监测性能。另一种常见的展开方式就是将三维数据沿变量展开构成 $\boldsymbol{X}(I\times JK)$，其优点是在线监测时是按照时刻变量数据进行监测的，不用考虑批次数据的完整性，也就不用进行数据填充，缺点是不能突出批次之间的方差信息，忽略了不同时刻间变量间的相关性，且预处理方法不能消除过程变量时间方向上的非线性，因此对故障不敏感，故障检测的快速性和灵敏性较差。为此，2007 年 Agudo 等人[87]提出了 AT 方法用来处理以上问题，该方法首先将过程三维数据沿批次方向展开为二维数据矩阵，按批次方向进行数据标准化，提取过程的平均轨迹；之后将标准化后的数据矩阵沿变量方向重新排列并建立监测模型，实现过程监测。采用 AT 方法建模时不要求批次长度相等，且用于在线监测时，无须对新批次的未来测量值进行估计，本书将此方法引入间歇过程的监测中，AT 展开方法如图 2-2 所示。

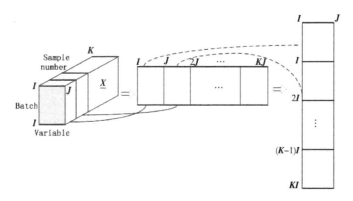

图 2-2　AT 方法的三维数据矩阵分解示意图

Fig. 2-2　Unfolding of a three-way array by AT method

2.3.1　离线建立模型

步骤 1：对经过上述方法预处理后的数据给定核函数和核参数，计算核矩阵 $\boldsymbol{K}$，对核矩阵进行特征分解，由（2-4）式计算每个特征值所对应的 Renyi 熵，根据对 Renyi 熵贡献的大小，本书按照核熵值累积贡献大于 85%，选择 n 个特征向量构成新的数据空间。

步骤 2：计算训练数据的 $\boldsymbol{T}^2$ 和预测平方和 Q（squared prediction error，SPE）统计量，并根据其分布确定统计量控制限：

$$\boldsymbol{T}^2 = \left[t_1, t_2, \cdots, t_p\right] \boldsymbol{\Lambda}^{-1} \left[t_1, t_2, \cdots, t_p\right]^{\mathrm{T}} \tag{2-34}$$

其中，$\boldsymbol{\Lambda}^{-1}$ 是提取 p 个主元的主元矩阵的协方差的逆矩阵。假定主元得分向量近似服从正态分布，则 $\boldsymbol{T}^2$ 统计量服从 F 分布[13]，即

$$\boldsymbol{T}^2 \sim \frac{p(I^2-1)}{I(I-p)} F_{p, I-p, \alpha} \tag{2-35}$$

其中，p 为主元个数，I 为批次数，α 为置信水平，本章实验选为 0.1，p 为自由度，$I-p$ 为条件，k 为采样时间，n 为变量个数，t 为主元的得分，$\boldsymbol{\Lambda}^{-1}$ 是提取 p 个主元的主元矩阵的协方差的逆矩阵。

$$
\begin{aligned}
\mathrm{SPE} &= \left\| \phi(\boldsymbol{x}) - \hat{\phi}_p(\boldsymbol{x}) \right\|^2 = \left\| \hat{\phi}_n(\boldsymbol{x}) - \hat{\phi}_p(\boldsymbol{x}) \right\|^2 \\
&= \hat{\phi}_n(\boldsymbol{x})^\mathrm{T} \hat{\phi}_n(\boldsymbol{x}) - 2\hat{\phi}_n(\boldsymbol{x})^\mathrm{T} \hat{\phi}_p(\boldsymbol{x}) + \hat{\phi}_p(\boldsymbol{x})^\mathrm{T} \hat{\phi}_p(\boldsymbol{x}) \\
&= \sum_{j=1}^n t_j \boldsymbol{v}_j^\mathrm{T} \sum_{k=1}^n t_k \boldsymbol{v}_k - 2\sum_{j=1}^n t_j \boldsymbol{v}_j^\mathrm{T} \sum_{k=1}^p t_k \boldsymbol{v}_k + \sum_{j=1}^p t_j \boldsymbol{v}_j^\mathrm{T} \sum_{k=1}^p t_k \boldsymbol{v}_k \\
&= \sum_{j=1}^n t_j^2 - 2\sum_{j=1}^p t_j^2 + \sum_{j=1}^p t_j^2 \\
&= \sum_{j=1}^n t_j^2 - \sum_{j=1}^p t_j^2
\end{aligned}
\tag{2-36}
$$

假定预报误差近似服从正态分布，则 SPE 近似服从加权 χ^2 分布来确定控制限[14]：

$$
\mathrm{SPE} \sim g\chi_{h,\alpha}^2; \quad g = \frac{v}{2m}, h = \frac{2m^2}{v}
\tag{2-37}
$$

其中，α 为置信水平，m、v 分别为由建模批次得到的 SPE 的估计均值和方差。

2.3.2 在线监测

步骤 1：对于新得到的数据 $\boldsymbol{x}_{new,t} \in \boldsymbol{R}^m$（$t = 1, \cdots, N_t$），首先对数据进行标准化，然后计算核向量 $\boldsymbol{K}_t \in \boldsymbol{R}^{1 \times N}$，计算新数据 $\boldsymbol{x}_{new,t}$ 映射到高维空间之后的 $\boldsymbol{\Phi}_t$ 的，对其进行特征值分解并计算核熵值，按照核熵值的大小对特征向量与特征值进行排序，其得分 $t_{new,t}$ 为

$$
\begin{aligned}
t_{new,t} &= \boldsymbol{\Phi}_t \boldsymbol{R} = \boldsymbol{\Phi}_t \boldsymbol{\Phi}^\mathrm{T} \boldsymbol{U}(\boldsymbol{T}^\mathrm{T} \boldsymbol{K}_t \boldsymbol{U})^{-1} \\
&= \tilde{\boldsymbol{k}}_{new,t} \boldsymbol{U}(\boldsymbol{T}^\mathrm{T} \boldsymbol{K}_t \boldsymbol{U})^{-1}
\end{aligned}
\tag{2-38}
$$

步骤 2：计算新时刻统计量并判断其是否超出相应的控制限，如果未超出，则判定当前过程测量数据正常，重复步骤 1，直到生产过程结束；否则判定当前过程有异常发生，进行故障变量追溯。本章故障诊断采用时刻贡献图方法进行故障变量追溯。

2.3.3 故障诊断

由于本章提出的方法在后续的仿真及应用中主要选用高斯核函数，为此，本小节利用核函数梯度下降算法推导出过程变量对两个监测统计量 $\boldsymbol{T}^2$ 和 SPE 的贡献度，利用每个变量对两个监测统计量贡献程度的最大原则来判断故障。采用高斯核函数计算核矩阵，假设存在向量 $\boldsymbol{v} = [\boldsymbol{v}_1, \boldsymbol{v}_2, \cdots, \boldsymbol{v}_m]^\mathrm{T}$（$i = 1, 2, \cdots, m$），则核函数可写成：

$$k(\boldsymbol{x}_j, \boldsymbol{x}_k) = \exp(-\|\boldsymbol{v} \cdot \boldsymbol{x}_j - \boldsymbol{v} \cdot \boldsymbol{x}_k\|^2 / \sigma) \tag{2-39}$$

核函数对于第 i 个变量 $\boldsymbol{v}_i$ 的偏导可用下式计算：

$$
\begin{aligned}
\frac{\partial k(\boldsymbol{x}_j, \boldsymbol{x}_k)}{\partial \boldsymbol{v}_i} &= \frac{\partial k(\boldsymbol{v} \cdot \boldsymbol{x}_j, \boldsymbol{v} \cdot \boldsymbol{x}_k)}{\partial \boldsymbol{v}_i} \\
&= -\frac{1}{\sigma}(\boldsymbol{v}_i \boldsymbol{x}_{j,i} - \boldsymbol{v}_i \boldsymbol{x}_{k,i})^2 k(\boldsymbol{v} \cdot \boldsymbol{x}_j, \boldsymbol{v} \cdot \boldsymbol{x}_k) \\
&= -\frac{1}{\sigma}(\boldsymbol{v}_i \boldsymbol{x}_{j,i} - \boldsymbol{v}_i \boldsymbol{x}_{k,i})^2 k(\boldsymbol{x}_j, \boldsymbol{x}_k)\Big|_{\boldsymbol{v}_i=1}
\end{aligned}
\tag{2-40}
$$

其中 $\boldsymbol{x}_{j,i}$ 为第 j 个样本的第 i 个变量，两个核函数乘积的偏导为

$$
\begin{aligned}
&\frac{\partial k(\boldsymbol{x}_j, \boldsymbol{x}_{new}) k(\boldsymbol{x}_k, \boldsymbol{x}_{new})}{\partial \boldsymbol{v}_i} \\
&= -\frac{1}{\sigma}\Big[(\boldsymbol{x}_{j,i} - \boldsymbol{x}_{new,j})^2 + (\boldsymbol{x}_{k,i} - \boldsymbol{x}_{new,i})\Big] \times k(\boldsymbol{x}_j, \boldsymbol{x}_{new}) k(\boldsymbol{x}_k, \boldsymbol{x}_{new})
\end{aligned}
\tag{2-41}
$$

定义两个新的统计量，用来计算各个变量对监测统计量的贡献大小：

$$C_{T^2,new,i} = \left| \frac{\partial T^2}{\partial \boldsymbol{v}_i} \right|, \quad C_{SPE,new,i} = \left| \frac{\partial SPE_{new}}{\partial \boldsymbol{v}_i} \right|$$

$C_{T^2,new,i}$ 和 $C_{SPE,new,i}$ 分别表示新时刻测试数据的第 i 个原始过程变量在两个过程监测统计量 T^2 和 SPE 中的贡献率。KECA 模型的监测统计量 T^2 可由下式计算得到：

$$
\begin{aligned}
T^2_{new} &= \boldsymbol{t}_{new}^{\mathrm{T}} \boldsymbol{\Lambda}^{-1} \boldsymbol{t}_{new} = \bar{\boldsymbol{K}}_{new}^{\mathrm{T}} \boldsymbol{a} \boldsymbol{\Lambda}^{-1} \boldsymbol{a}^{\mathrm{T}} \bar{\boldsymbol{K}}_{new} \\
&= \mathrm{trace}(\boldsymbol{a}^{\mathrm{T}} \bar{\boldsymbol{K}}_{new} \bar{\boldsymbol{K}}_{new}^{\mathrm{T}} \boldsymbol{a} \boldsymbol{\Lambda}^{-1})
\end{aligned}
\tag{2-42}
$$

这里通过使用一个均值格莱姆矩阵表示：

$$
\bar{\boldsymbol{K}}_{new} = \begin{bmatrix}
k(\boldsymbol{x}_1, \boldsymbol{x}_{new}) - \frac{1}{N}\sum_{j=1}^{N} k(\boldsymbol{x}_1, \boldsymbol{x}_j) - \frac{1}{N}\sum_{j=1}^{N} k(\boldsymbol{x}_{new}, \boldsymbol{x}_j) + \frac{1}{N^2}\sum_{j=1}^{N}\sum_{i=1}^{N} k(\boldsymbol{x}_j, \boldsymbol{x}_i) \\
k(\boldsymbol{x}_2, \boldsymbol{x}_{new}) - \frac{1}{N}\sum_{j=1}^{N} k(\boldsymbol{x}_2, \boldsymbol{x}_j) - \frac{1}{N}\sum_{j=1}^{N} k(\boldsymbol{x}_{new}, \boldsymbol{x}_j) + \frac{1}{N^2}\sum_{j=1}^{N}\sum_{i=1}^{N} k(\boldsymbol{x}_j, \boldsymbol{x}_i) \\
\vdots \\
k(\boldsymbol{x}_N, \boldsymbol{x}_{new}) - \frac{1}{N}\sum_{j=1}^{N} k(\boldsymbol{x}_N, \boldsymbol{x}_j) - \frac{1}{N}\sum_{j=1}^{N} k(\boldsymbol{x}_{new}, \boldsymbol{x}_j) + \frac{1}{N^2}\sum_{j=1}^{N}\sum_{i=1}^{N} k(\boldsymbol{x}_j, \boldsymbol{x}_i)
\end{bmatrix}
\tag{2-43}
$$

第 i 个变量对统计量 T^2 的贡献率可以表示为

$$
\begin{aligned}
C_{T^2,new,i} &= \left| \frac{\partial T^2}{\partial \boldsymbol{v}_i} \right| = \left| \frac{\partial}{\partial \boldsymbol{v}_i} \mathrm{trace}(\boldsymbol{a}^{\mathrm{T}} \bar{\boldsymbol{K}}_{new} \bar{\boldsymbol{K}}_{new}^{\mathrm{T}} \boldsymbol{a} \boldsymbol{\Lambda}^{-1}) \right| \\
&= \left| \mathrm{trace}(\boldsymbol{a}^{\mathrm{T}} (\frac{\partial}{\partial \boldsymbol{v}_i} \bar{\boldsymbol{K}}_{new} \bar{\boldsymbol{K}}_{new}^{\mathrm{T}}) \boldsymbol{a} \boldsymbol{\Lambda}^{-1}) \right|
\end{aligned}
\tag{2-44}
$$

SPE 监测统计量在核空间的定义如下：

$$\text{SPE}_{new} = k(x_{new}, x_{new}) - \frac{2}{N}\sum_{j=1}^{N}k(x_j, x_{new}) + \frac{1}{N^2}\sum_{j=1}^{N}\sum_{i=1}^{N}k(x_j, x_i) - t_{new}^{\text{T}}t_{new} \quad (2\text{-}45)$$

第 i 个变量对统计量 SPE 的贡献率可以表示为

$$
\begin{aligned}
C_{SPE,new,i} &= \left|\frac{\partial \text{SPE}_{new}}{\partial v_i}\right| \\
&= \left|-\frac{1}{\sigma}\left[-\frac{2}{N}\frac{\partial}{\partial v_i}\sum_{j=1}^{N}k(x_j, x_{new}) - \frac{\partial}{\partial v_i}t_{new}^{\text{T}}t_{new}\right]\right| \quad (2\text{-}46)\\
&= \left|\frac{1}{\sigma}\left\{\frac{2}{N}\frac{\partial}{\partial v_i}\sum_{j=1}^{N}k(x_j, x_{new}) + \text{trace}\left[a^{\text{T}}(\frac{\partial}{\partial v_i}\bar{K}_{new}\bar{K}_{new}^{\text{T}}a)\right]\right\}\right|
\end{aligned}
$$

以上求解过程中的关键问题是如何对 $\bar{K}_{new}\bar{K}_{new}^{T}$ 矩阵进行求解，对 v_i 进行偏导，下面给出求解过程，格莱姆矩阵 $\bar{K}_{new}$ 中每一行向量分别由 4 项组成，且第 2 项和第 4 项由训练样本组成，在测试过程中的常数，分别用 $S_p = \frac{1}{N}\sum_{j=1}^{N}k(x_p, x_j)$ 和 $S = \frac{1}{N^2}\sum_{j=1}^{N}\sum_{i=1}^{N}k(x_j, x_i)$，因此矩阵 $\bar{K}_{new}\bar{K}_{new}^{\text{T}}$ 的 p 行 q 列元素表示为

$$
\begin{aligned}
[\bar{K}_{new}\bar{K}_{new}^{\text{T}}]_{pq} &= k(x_p, x_t)k(x_q, x_t) + (S - S_p)k(x_q, x_t) + (S - S_q)k(x_p, x_t) - \\
&\quad \frac{1}{N}\sum_{j=1}^{N}k(x_t, x_j)\left[k(x_p, x_t) + k(x_q, x_t)\right] + \\
&\quad \frac{1}{N}(S_p + S_q - 2S)\sum_{j=1}^{N}k(x_t, x_j) + \\
&\quad \frac{1}{N^2}\sum_{j=1}^{N}\sum_{i=1}^{N}k(x_t, x_j)k(x_t, x_i) \quad (2\text{-}47)
\end{aligned}
$$

元素 $\left[\bar{K}_{new}\bar{K}_{new}^{\text{T}}\right]_{pq}$ 相对第 v_i 个变量的偏微分可表示为

$$
\begin{aligned}
\frac{\partial(\bar{K}_{new}\bar{K}_{new}^{\text{T}})_{pq}}{\partial v_i} &= -\frac{1}{\sigma}\Big\{\left[(x_{p,i} - x_{t,i})^2 + (x_{q,i} - x_{t,i})^2\right] \times k(x_p, x_t)k(x_q, x_t) + \\
&\quad (S - S_q)(x_{p,i} - x_{t,i})^2 \times k(x_p, x_t) + (S - S_p)(x_{q,i} - x_{t,i})^2 \times k(x_q, x_t) - \\
&\quad \frac{1}{N}\sum_{j=1}^{N}\left[(x_{j,i} - x_{t,i})^2 + (x_{p,i} - x_{t,i})^2\right] \times k(x_j, x_t)k(x_p, x_t) + \\
&\quad \frac{1}{N}(S_p + S_q + S)\sum_{j=1}^{N}(x_{j,i} - x_{t,i})^2 \times k(x_j, x_t) + \\
&\quad \frac{1}{N^2}\sum_{j=1}^{N}\sum_{k=1}^{N}\left[(x_{j,i} - x_{t,i})^2 + (x_{k,i} - x_{t,i})^2\right] \times k(x_j, x_t)k(x_k, x_t)\Big\} \quad (2\text{-}48)
\end{aligned}
$$

最后，将所得到的贡献度进行标准化，具体形式如下：

$$\sum_{i=1}^{M} C_{T^2,new,i} = 1, \sum_{i=1}^{M} C_{SPE,new,i} = 1 \tag{2-49}$$

提取 $C_{T^2,new,i}$ 和 $C_{SPE,new,i}$ 变化较大的量作为故障特征变量。

以上，我们推导出基于特征采样的高斯核函数的梯度下降时刻贡献图法在间歇过程中的计算公式，通过核函数梯度下降的时刻贡献图方法我们可以实现对间歇过程监测中发现的异常进行进一步的故障变量追溯，确定故障源实现故障诊断与隔离。基于 MKECA 方法的监测策略分为离线建模和在线监测，具体流程如图 2-3 所示，该方法首先将三维历史数据用 AT 方法展开成二维数据形式映射到高维核熵空间，利用核熵值的大小来进行特征提取，将高维核熵空间分解为核熵主元子空间和核熵残差子空间，在两个子空间内分别构建监测统计量 T^2 和 SPE，并计算其对应的监测控制限用于过程的在线监测；将采集到新时刻的在线数据 x_{new} 进行标准化，将标准化后的数据投影到核熵空间进行特征值分解后利用核熵值累计贡献率方法进行特征提取，将在线数据的核熵空间分解为在线核熵主元子空间和残差子空间，在两个在线核熵主元子空间和残差子空间内计算监测统计量 T^2_{new} 和 SPE_{new}，判断其是否超出监测控制限，如果新时刻的统计量没有超出监测控制限，则表明生产过程没有异常情况发生；如果新时刻的统计量任意一个或两个都超出了监测控制限，则判断此时的生产出现异常，需要用时刻贡献图方法对其进行故障变量追溯，通过核函数梯度下降的时刻贡献图方法，我们可以实现对间歇过程监测中发现的异常进行进一步的故障变量追溯，确定故障源，并实现故障诊断与隔离。

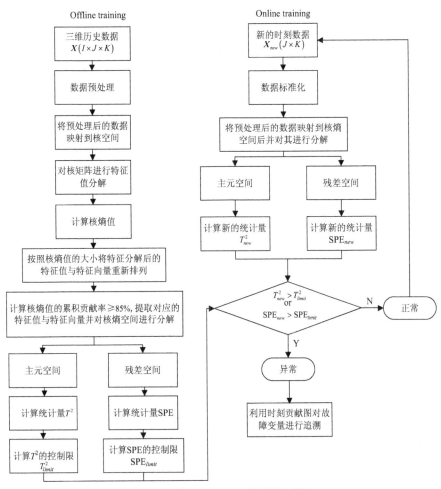

图 2-3　基于 MKECA 的监测流程图

Fig. 2-3　Monitoring flow chart of MKECA

2.4　算法验证

2.4.1　非线性过程仿真

为验证本章提出算法的有效性，考虑如下的多元非线性过程，该过程已分别在文献 [44, 46, 57, 89, 90] 中被使用，用以验证这些文献中提出算法的有效性。该非线性过程包含三个与 t 相关的过程变量，描述如下：

$$
x = \begin{bmatrix} t \\ t^2 - 3t \\ -t^3 + 3t^2 \end{bmatrix} + \begin{bmatrix} e_1 \\ e_2 \\ e_3 \end{bmatrix}
\tag{2-50}
$$

其中，$t \in [0.01, 2]$，e_1, e_2, e_3 为高斯白噪声服从 $N(0, 0.01)$ 的正态分布。设采样间隔为 0.01，则每个批次可生成 200×3 的数据矩阵，采用 Monte Carlo 方法共产生 50 个正常批次数据用于建立模型。

为测试本章方法监测性能的有效性，产生如下两个故障批次：

故障批次 1：对 x_1 在 101 个采样点引入斜率为 0.03 的斜坡扰动，直到采样结束。故障批次 2：对 x_2 在 101 个采样点引入幅值下降 0.3 的阶跃扰动，直到采样结束。在应用本章提出的方法时，由于获取过程的非线性属性主要依赖于核函数，因此核函数的选择非常重要。然而到目前为止如何选择一个最佳的核函数仍是一个开放性的问题，没有严格、有效的准则。参考文献 [44, 46, 57, 87, 88] 在应用本例非线性系统进行核函数选择时，选定核函数为高斯核，通过仿真实验确定核参数 $\sigma = 200$。图 2-4 和图 2-5 分别为采用 MPCA、MKPCA 和 MKECA 三种方法对故障批次 1 和故障批次 2 进行监测的结果。由图 2-4 可知，MKPCA 监测效果要优于 MPCA，尤其在 T^2 监测图中，MPCA 方法在两个批次中均不能准确地检测到异常情况的发生。这是因为 MPCA 是线性方法在针对非线性过程的监测中，其监测效果不好，T^2 监测图反映的是主元空间的监测，也就是说 MPCA 针对非线性过程提取的主元不能代表非线性数据的主要特征。在 MKPCA 的监测图中可知针对故障 1 其 T^2 监测图滞后故障 46 个采样时刻，而 MKECA 的 T^2 监测图滞后故障 21 个采样时刻，但是比 MKPCA 超前 25 个采样时刻，说明在针对故障 1 的监测比较中，MKECA 表现最好，MKPCA 表现其次，最差为 MPCA。针对故障批次 2，MPCA 的 T^2 和 SPE 监测图对此故障基本失去监测能力，即使此类故障为阶跃故障，基于线性方法的 MPCA 也无法监测到，再次验证，MPCA 面对非线性数据时不能有效提取数据的特征。而 MKPCA 的监测效果要优于 MPCA，通过以上两个故障批次的监测效果，验证了面对非线性过程，MKPCA 取得了优于 MPCA 的监测效果，这与参考文献 [54-57] 是一致的。但是不可否认，在面对故障批次 2 时，其监测具有大量的漏报警现象，如 T^2 监测图所说在 200 采样时刻其超出监测控制限，但是在 130 采样时刻至 200 采样时刻其监测图回落到控制限以下，而此时的故障依然存在。造成这种问题的原因有两种：一种是 MKPCA 在进行特征提取时仅依据特征值的大小进行特征提取，此时的阶跃故障可能不能改变正常情况下的特征值大小；另一种是 MKPCA 核函数和核参数选择的问题，有可能本书所用的高斯核函数在面对此类故障时不敏感，需要考虑其他核函数的类型，如二项式核函数等，同时核参数的选择也会对监测结果造成影响。通过以上分析可以得出，MKECA 方法在面对非线性数据的监测时，其表现优于 MPCA 和 MKPCA 方法。这表明 MKPCA 模型能更充分地压缩和抽取非线性过程信息，较好地反映过程的行为特性，对于非线性过程，MKPCA 方法确实能获得优于 PCA 方法的监测性能。此外，从图中可以清晰地看出，MPCA 和 MKPCA 方法的漏报率和误警率均比较高，且在故障批次 1 中，MKECA 方法能更快地检测到故障。

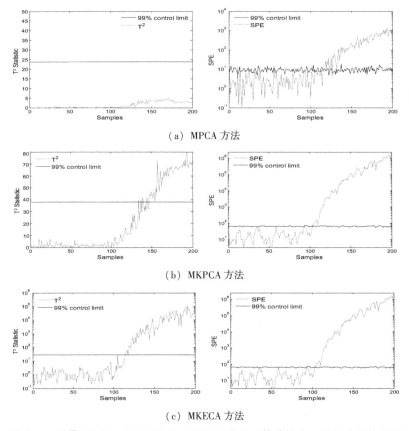

（a）MPCA 方法

（b）MKPCA 方法

（c）MKECA 方法

图 2-4 采用 MPCA、MKPCA 和 MKECA 方法对故障批次 1 进行监测的结果

Fig. 2-4 Monitoring results for MPCA，MKPCA and MKECA in fault 1

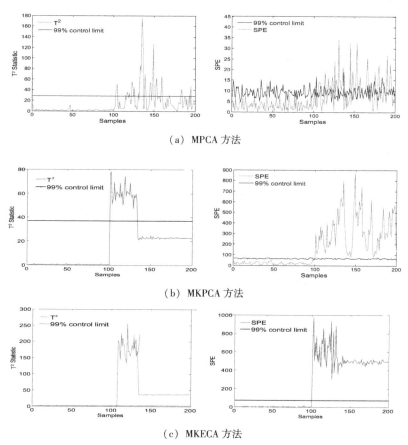

（a）MPCA 方法

（b）MKPCA 方法

（c）MKECA 方法

图 2-5　采用 MPCA、MKPCA 和 MKECA 方法对故障批次 2 进行监测的结果

Fig. 2-5　Monitoring results for MPCA，MKPCA and MKECA in fault 2

2.4.2　青霉素发酵过程描述

青霉素作为一种抗生素，具有广泛的临床医用价值，其生产过程是一个典型的非线性、非高斯性、多阶段的间歇生产过程。青霉素发酵过程作为二次微生物代谢过程，利用特定的生产菌在一定条件下生长繁殖，当生产菌的浓度达到一定程度后，青霉素作为代谢产物开始生成[36,43,79,80,103-105]。在青霉素生成的过程中，为保证最终青霉素的产量，生产菌体的浓度必须保持在一定水平之上，为此需要不断地补充氮和糖等营养元素。2002 年，美国伊利诺斯州立理工学院的过程监测与技术小组的 Birol 等人提出了基于过程机理的青霉素生产模型[88]，将其开发成仿真平台 Pensim2.0，它为间歇生产过程的监

测及过程故障诊断提供了一个 Benchmark 平台。相关研究已表明该平台的有效性[6-22]。Pensim2.0 能够真实地模拟青霉素发酵，获取该发酵过程的一系列过程参数，可以对不同操作条件下青霉素生产过程的微生物浓度、二氧化碳浓度、pH 值、青霉素浓度、碳浓度、氧浓度以及产生的热量等进行仿真，从而弥补了间歇生产过程变量数据难以实时采集的困难[103-105,113]。图 2-6 为青霉素生产发酵过程工艺流程图，为模拟实际的青霉素发酵过程，Pensim2.0 提供了生产过程中可能出现的三类故障，分别是对搅拌功率、通风率和底物补料速率等三个变量引入的故障信号。其中故障信号又分为两类：阶跃扰动（step）和斜坡扰动（ramp），信号的幅值和斜率可由用户自己设定。Pensim2.0 仿真平台可以生成的过程变量见表 2-1，默认参数值及相关参数范围见表 2-2。基于 Pensim2.0 进行青霉素仿真试验的具体步骤[79,80]包括：设定变量及参数的初始值，设定温度及 pH 值控制器，设定反应工况（正常工况/引入故障），输出正常/故障工况下各个过程变量的实时监测曲线，输出过程变量采样数据矩阵，其具体操作步骤如图 2-7 所示。

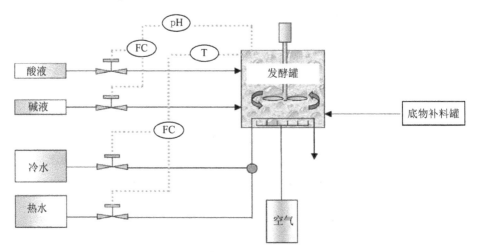

图 2-6　青霉素发酵过程工艺流程图

Fig. 2-6　Schematic of Penicillin fermentation process

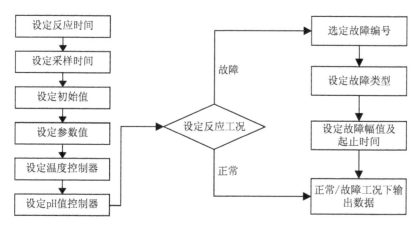

图 2-7　青霉素发酵过程工艺流程图[62]

Fig. 2-7　Schematic of Penicillin fermentation process

2.4.3　MKECA 在青霉素发酵过程中的应用

仿真实验中，共选择 10 个过程变量来综合表征青霉素发酵菌体生长和产物合成状况，见表 2-1。为更符合实际情况以及增加模型的鲁棒性，所有监测测量变量均加入了高斯白噪声，另外每批次的初始条件也略有变化，见表 2-2，初始条件在表中所列的范围内均匀分布。各个变量在整个发酵周期内的变化情况如图 2-8 所示，显然可见发酵生产过程的测量变量总体呈现出非线性特性，本章实验共产生了 50 个正常批次作为初始的模型参考数据库，得到三维数据矩阵 $\boldsymbol{X}(50 \times 10 \times 200)$，利用 $\boldsymbol{X}$ 建立 MKECA 模型。其中，采用累计方差贡献率方法确定 MPCA 的主元个数为 6，采用累计方差贡献率方法确定 MKPCA 的主元个数为 16，采用核熵累积贡献率方法确定 MKECA 的主元个数为 10，为了验证模型的有效性，本章引入了正常批次和故障批次，其中故障批次详细信息见表 2-3。

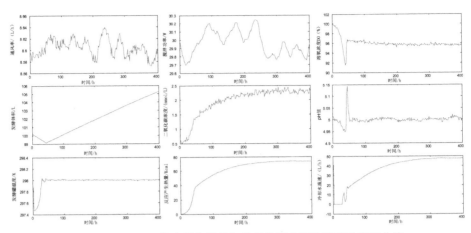

图2-8 Pensim仿真平台默认初始条件下主要监测变量变化曲线

Fig. 2-8 The main variables curve of default initial condition generated by the Pensim platform

表2-1 建模所用青霉素发酵过程变量

Table 2-1 Variables used in the monitoring of the Penicillin fermentation process

序号	监测变量	序号	监测变量
1	通风率/(L/h)	6	CO_2浓度/(mmol/L)
2	搅拌功率/W	7	pH 值
3	底物补料温度/K	8	发酵罐温度/K
4	溶氧浓度（%）	9	反应产生热量/kcal
5	发酵体积/L	10	冷却水流速/(L/h)

表2-2 青霉素发酵过程变量初始条件范围

Table 2-2 Initial conditions of process variables in Penicillin fermentation process

变量	初始值变化范围	变量	初始值变化范围
底物浓度/(g/L)	14~18	pH 值	4.5~5.0
溶氧浓度/(mmol/L)	1~1.2	发酵体积/L	100~104
CO_2浓度/(mmol/L)	0.8~1	生物质浓度/(g/L)	0.09~0.11
发酵罐温度/K	297~300	青霉素浓度/(g/L)	0

表 2-3　仿真中用到的故障类型

Table 2-3　Fault types introduced in process

序号	变量名称	故障类型	幅度	时间/h
批次 1	通风率	斜坡扰动	2.0%	200~400
批次 2	搅拌功率	阶跃扰动	15.0%	200~250

图 2-9 所示为对正常运行条件下产生的测试批次 1（400h）进行监测的结果。由图可知，在 MPCA 和 MKPCA 方法的 T^2 监测图中，T^2 统计量在发酵开始阶段前 50h 均出现超过 99% 控制限的误报警现象，误警率较高；而 MKECA 的 T^2 监测图中不存在错误报警现象。MPCA 的 SPE 监测图在前 50h 存在大量的误报警现象，而 MKPCA 和 MKECA 方法的监测图中则没有报警现象发生，以上针对正常批次的监测显示，MKECA 方法的两个监测统计量都位于定义的正常控制线以下，这初步证明了根据 MKECA 方法的监测模型具有准确监测过程正常批次的能力，从而确保了之后利用监测模型进行过程监测的可靠性，由图 2-9 可以看出针对正常批次的监测，MKECA 方法优于 MKPCA 方法，而 MKPCA 方法优于 MPCA 方法。

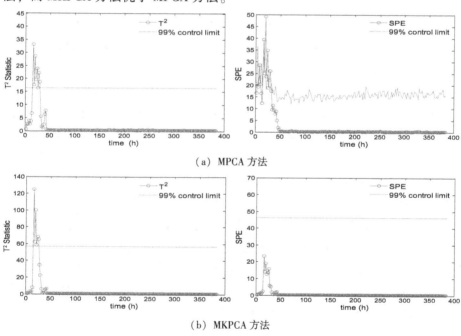

（a）MPCA 方法

（b）MKPCA 方法

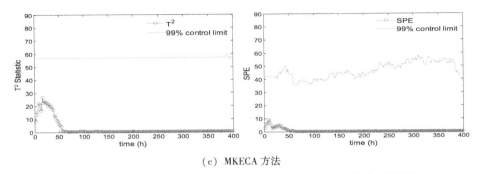

（c）MKECA 方法

图 2-9　采用 MPCA、MKPCA 和 MKECA 方法监测测试批次 1 的结果

Fig. 2-9　Monitoring results for MPCA，

MKPCA and MKPCA in case（normal batch 1）

引入表 2-3 中的第一种故障，针对通风设备老化的问题设定通分速率（x_1）在 200h 处引入斜率为-0.02 的斜坡扰动，直到反应结束。如图 2-10 所示，对于缓变微小的故障，MPCA 的 T^2 监测图和 SPE 监测图均没有检测到故障，针对此故障 MPCA 完全失去了其监测性能，这也验证了本章引言部分的分析，MPCA 是线性方法，其不能用于非线性的过程监测。MKPCA 方法的 T^2 监测图和 SPE 监测图分别在 342h 和 253h 超出控制限，滞后故障发生分别为 142h 和 53h；MKECA 方法的 T^2 监测图和 SPE 监测图分别在 230h 和 236h 超出控制限，滞后故障发生分别为 30h 和 36h。此故障是由于通风设备老化造成的缓慢故障，如果排除在间歇生产过程中，缓变故障的引入对于整个生产工艺的影响有一个滞后过程的因素外，本书所提方法对于此类故障的监测是及时、准确的，并且没有误报，当监测到故障后利用传统贡献图和本章的时刻贡献图方法对故障进行故障变量追溯，为了更好地对比两种方法，这里将传统贡献图的对应时刻选为 350h，这是因为 MKECA 的两个监测图在 350h 时刻都已整体稳定超出控制限，此时的贡献图可以更好地反映故障，避免干扰。如图 2-11 所示，传统贡献图方法 T^2 贡献图中变量 1、2、8 对其贡献较大，SPE 贡献图中变量 1、2 对其贡献较大，这种结果很难最终确定故障源，而时刻贡献图方法可以整体反映其对监测统计量的贡献，由图可以准确看出，变量 1 对其整体贡献较大，按照最大贡献即为故障，将其与表 2-1 进行对比，得出此故障为通风率故障，与表 2-3 中的故障变量相一致。

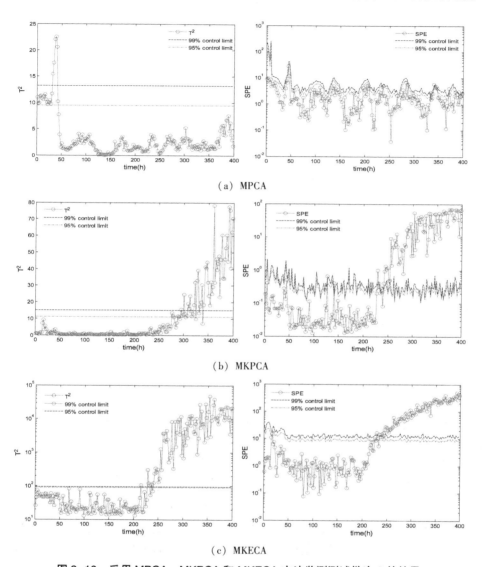

（a）MPCA

（b）MKPCA

（c）MKECA

图 2-10　采用 MPCA、MKPCA 和 MKECA 方法监测测试批次 2 的结果

Fig. 2-10　Monitoring results for MPCA，MKPCA and MKECA in case（fault batch 2）

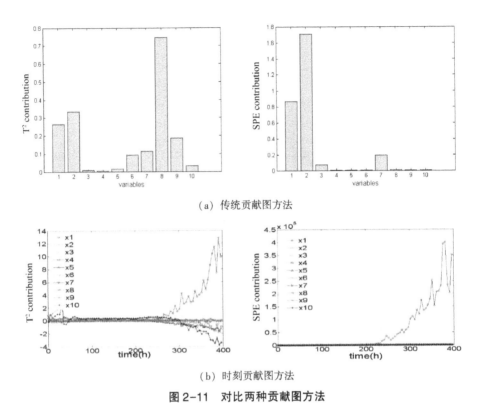

（a）传统贡献图方法

（b）时刻贡献图方法

图 2-11　对比两种贡献图方法

Fig. 2-11　Compaire Contribution plots a) traditional contribution plots b) time contribution plots

引入表 2-3 的第二种故障，对搅拌功率（x_2）在 200h 引入 15% 的阶跃故障，直到反应结束。如图 2-12 所示，MPCA 方法的 SPE 监测图在 200h 超出控制限，可以立刻检测到故障发生，但是其 T^2 监测图在 200h 时刻后存在大量的漏报警现象，漏报率达到 82%，而 MKPCA 和 MKECA 两种方法都能及时、准确地监测到故障的发生，同时实验验证了 2.1 小节的理论证明，MKECA 模型在监测阶跃故障时发现故障的能力等同于 MKPCA 模型，但是传统 MKPCA 模型的监测图显示其存在误报警，误报率为 11%，而 MKECA 模型的监测图没有误报，故 MKECA 模型的监测性能优于 MKPCA 模型。一旦监测到异常工况的发生，利用贡献图及时分析追索故障原因，如图 2-13 所示，传统贡献图方法 T^2 贡献图中变量 2 对其贡献较大，SPE 贡献图中变量 1、2 对其贡献较大，这种结果很难最终确定故障源，而时刻贡献图方法可以整体反映其对监测统计量的贡献，由图可以准确看出，变量 2 对其整体贡献较大，按照最大贡献即为故障，将其与表 2-1 进行对比，得出此故障为搅拌速率故障，与表 2-3

中的故障变量相一致。

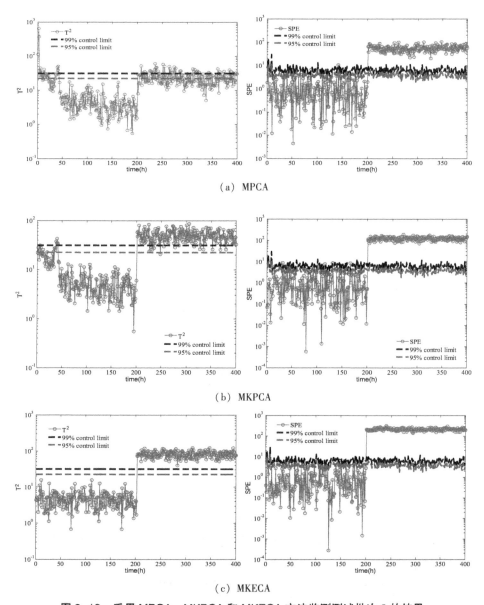

（a）MPCA

（b）MKPCA

（c）MKECA

图 2-12　采用 MPCA、MKPCA 和 MKECA 方法监测测试批次 2 的结果

Fig. 2-12　Monitoring results for MPCA，MKPCA and MKECA in case（fault batch 2）

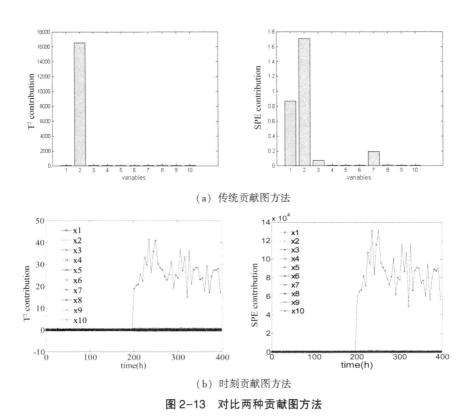

（a）传统贡献图方法

（b）时刻贡献图方法

图 2-13 对比两种贡献图方法

Fig. 2-13 Compaire Contribution plots a) traditional contribution plots b) time contribution plots

2.5 本章小结

针对间歇过程的非线性问题，提出一种基于 MKECA 的间歇过程故障监测与诊断方法。该方法克服了传统 MKPCA 监测模型的不足，MKPCA 在进行特征提取时只考虑数据结构信息，忽略了数据的簇结构信息，而数据的簇结构是间歇过程的固有特性，忽略簇结构信息的模型在监测间歇过程时漏报和误报率会很高。MKECA 算法的核心思想是将原始数据投射到高维特征空间，与 MKPCA 相同，同样需要对核矩阵进行特征分解，不同的是，不以方差的大小来选择特征向量，而是选取前 n 个对 Renyi 熵贡献最大的特征向量，然后将原始数据向这些特征向量投射构成新的数据集，这样不仅可以最大程度地保持原始间歇过程数据的空间分布，而且能够提高模型的精度。

第3章　基于核熵独立成分分析的
间歇过程监测方法研究

3.1　引言

目前，多元统计技术已经广泛应用到间歇过程的过程监测中，因其只需要对生产过程数据进行统计建模，无须考虑间歇生产过程复杂的机理特性，在工业界和学术界得到了卓有成效的应用，其中最具有代表性的就是多向主成分分析（Multi-way Principal Component Analysis，MPCA）及以其为基础的扩展 MPCA 方法[6-10,26-29,36-38,44]，该方法的本质是去除原始数据变量之间的线性相关性，提取出少量几个不相关的主元去代表原始数据的信息，达到降维的目的。尽管 MPCA 及其扩展方法在过程故障检测中得到了广泛应用，但其有以下两方面的缺点：（1）仅考虑二阶方差-协方差统计量，未考虑过程数据的高阶统计量信息，在进行过程特征提取时，会造成特征提取的不充分。（2）其用于监测的两个统计量 T^2 和 SPE 在计算其控制限要求时要假设其满足高斯分布。这种假设与实际的工业过程不适用，用这种假设得到的控制限在用于过程监测时，势必造成大量的误报警和漏报警，滞后故障报警。针对间歇生产过程数据的普遍具有非高斯性的问题，近些年来，基于独立成分分析（Independent Component Analysis，ICA）[22,42] 的过程监测方法逐渐发展了起来。ICA 最早来自盲源信号分离技术，它能够有效处理数据所具有的非高斯性问题，为保证提取数据特征的完整性，使用高阶统计信息对数据进行特征提取，并且保证所提取的成分信息之间相互独立，而 PCA 由于仅利用过程数据的（均值和方差）低阶统计信息，提取互不相关的变量之间的成分信息，所提取的成分之间是正交的但在统计上并不一定独立，并且低阶统计量在面对诸如当数据具有非高斯性时，将不能提取数据的特征，也就是说，ICA 提取的数据信息比 PCA 提取的数据信息更加全面，ICA 提取的独立成分的统计意义强于 PCA 提取的主成分的统计意义。因此，在处理非高斯问题上，PCA 将无能为力，ICA 成为了必然选择。但是 ICA 是线性化方法，在进行过程数据的信息提取时会忽略过程数据中存在的非线性信息，而间歇过程的非线性又是其固有特性，为此 ICA 将不能完成提取间歇过程的特征。为解决此问题，国内外学者 Lee[54]、Tian[71]、Cai[91] 等人提出核 ICA 方法解决间歇过程的非线性、非高斯问题。其具体核心算法为以下两步：（1）将原始数据用 KPCA 进行白化处理，解决数据的非线性问题，得到不相关的得分矩阵；（2）将得分矩阵进行 ICA 分解。具体实现部分在绪论中有详细阐述。但是以上 KICA 方法在进行过程监测时，其所使用的监测统计量 I^2 和 SPE 是低阶统计量，实质监测的是均值和方差，其不能监测高阶统计量的信息，也就是说 KICA 是高阶统计量方法用于过程的数据提取，但是监测的是低阶统计量信息[43,93]，因此其不能利用数据的高阶累计量的信息。为解决上述问题，本章提出基于 KEICA 间歇过程监测方法，首先利用将原始数据映射到核熵空间，解决数据非线性问题的同时最大限度地保持数据的簇机构信息，其次将 KECA 白化后的得分矩阵进行 ICA 分解[43]，构建高阶累计量的监测统计量用于过程监测。同时，正如绪论中所说，基于 MPCA/MPLS 的监测方法，在构造间歇过程监测模型时，需要对过程数据做线性分布和高斯正态分布的假设[31]，这是为了构造监测控制限，只有过程数据满足高斯分布的假设，才可以计算其置信区间的上限即监测控制限，详细方法在绪论中已做介绍，这里不再详述。但是实际的间歇工业过程中，过程数据分布很难满足这些假设，往往同时呈现出非线性、非高斯性的状况。传统的基于 MPCA 的监测方法在进行间歇工业生产的在线监测时，会造成大量的故障误报警和漏报警现象，有些甚至失去监测功能，为克服上述问题，本章研究一种基于 KECA 白化的 MKEICA 方法。该方法首先用 AT 变量展开方法将过程三维数据展开为二维数据矩阵，之后建立 ICA 模型并构造监控统计量和控制限，实现过程监测。采用本章研究方法建模时，有以下两点优势：一是不要求批次长度完全相等，且用于在线监测时，无须对新批次的未来测量值进行估计；二是在基于 KECA[92] 方法做白化处理的基础之上，建立 KEICA 过程监测模型，专门针对实际工业过程的非线性、非高斯性共存的状况，更加接近实际间歇工业生产过程的情况，可以更加有效地对间歇生产过程进行监测、指导生产过程、避免生产故障的发生、保障生产过程的安全运行[39,43]。

3.2 基于 KEICA 的过程监测策略

3.2.1 三阶累积量分析

三阶累计量分析（Higher-order Cumulants Analysis，HCA）技术在数字信号处理领域得到了广泛应用[95,96]，三阶累计量的重要性质就是高斯过程的三阶累计量为零，对于非高斯分布的数据，三阶统计量包含着重要数据信息，可有效提取非高斯数据的数据信息。HCA 已经广泛用于具有非高斯、非线性的问题图像识别领域[93,97,98]。假设任意一个零均值的高斯随机变量的二阶矩阵和二阶累积量相同，并且均等于方差 σ^2，则其奇数阶的矩阵恒为零，但偶数阶的矩阵不为零；而三阶矩阵及以上各阶矩阵的累积量恒等于零，即高阶累积量对高斯随机信号是无效的、屏蔽的。

对于一个零均值变量 $y(i)$，其三阶累计量定义如下[93]：

$$cum_{3,y}(\tau_1,\tau_2) = E\left[y(i)y(i+\tau_1)y(i+\tau_2)\right] \tag{3-1}$$

其中 E 表示期望，τ_1,τ_2 是滞后时间三阶累积量的样本估计，可由下式求得：

$$cum_{3,y}(\tau_1,\tau_2) = \frac{1}{N}\sum_{i=1}^{N} y(i)y(i+\tau_1)y(i+\tau_2) \tag{3-2}$$

3.2.2 离线建模

核方法[43,53-60]的本质是利用核函数将非线性的原始过程数据映射到高维核空间使其线性可分，从而把低维非线性问题转换为高维线性问题。将生产过程采集到的三维数据矩阵 $\boldsymbol{X}$ 进行预处理后，通过一个非线性函数 $\Phi(\cdot)$ 映射到高维特征空间中使其线性可分，具体形式如下：

$$\boldsymbol{\Phi}=\left(\Phi(\mathbf{X}),\Phi(\cdot)\right): \boldsymbol{R}^{n\times m} \rightarrow \boldsymbol{F}^{n\times n} \tag{3-3}$$

则在特征空间 F 中 $\boldsymbol{\Phi}$ 的协方差矩阵如下：

$$\boldsymbol{\Sigma}^F = \frac{1}{n}\boldsymbol{\Phi}\boldsymbol{\Phi}^{\mathrm{T}} \tag{3-4}$$

通常情况下，非线性函数 $\Phi(\cdot)$ 的具体形式是未知的，可通过核变换来代替，具体形式如下：

$$\boldsymbol{K} = \boldsymbol{\Phi}\boldsymbol{\Phi}^T \tag{3-5}$$

将式（3-5）代入式（3-4）可得 $\sum^F = \dfrac{1}{n}\boldsymbol{K}$，举例如下：

$$\boldsymbol{k}_{ij} = \boldsymbol{\Phi}(\boldsymbol{x}_i)\boldsymbol{\Phi}(\boldsymbol{x}_j)^{\mathrm{T}} = \boldsymbol{k}(\boldsymbol{x}_i,\boldsymbol{x}_j) \tag{3-6}$$

其中式（3-6）中 $\boldsymbol{k}_{ij}$ 代表核矩阵 $\boldsymbol{K}$ 中的第 i 行第 j 列元素；$\boldsymbol{x}_i$ 和 $\boldsymbol{x}_j$ 分别是 $\boldsymbol{X}$ 的第 i 行和第 j 行；$\boldsymbol{k}(\cdot,\cdot)$ 是一个核函数，常用的核函数形式如下：

（1）多项式核函数形式为

$$\boldsymbol{k}(\boldsymbol{x},\boldsymbol{y}) = \langle \boldsymbol{x},\boldsymbol{y}\rangle^q \tag{3-7}$$

（2）高斯核函数形式为

$$k(\boldsymbol{x},\boldsymbol{y}) = \exp[-\|\boldsymbol{x}-\boldsymbol{y}\|^2 / (2\boldsymbol{\sigma}^2)] \tag{3-8}$$

（3）Sigmoid 核函数形式为

$$\boldsymbol{k}(\boldsymbol{x},\boldsymbol{y}) = \tanh(\boldsymbol{\beta}_0\langle \boldsymbol{x},\boldsymbol{y}\rangle + \boldsymbol{\beta}_1) \tag{3-9}$$

在式（3-7）~式（3-9）中的核参数 q、$\boldsymbol{\sigma}^2$、$\boldsymbol{\beta}_0$、$\boldsymbol{\beta}_1$ 需要根据不同的数据分布情况来确定，目前有关核函数和核参数的选取上还没有特别有效地方法，一般都是依据实验所得。不同类型的核函数决定着由原始空间到核特征空间的映射结构不同，不同类型的数据结构在经不同类型的核函数处理后其在核特征空间的结构会有差异。另外，核函数及参数的选取必须满足 Mercer 定理[130]，其中多项式和高斯核函数在满足 Mercer 定理的方面优于其他核函数，同时多项式和高斯核函数内部的参数也比较少，使用比较简单。Sigmoid 核函数中的核参数较复杂，并且只有在特定的 β_0 和 β_1 取值时才满足 Mercer 定理[62]。目前，在间歇过程的监测领域使用最多、最广泛的还是高斯核函数[43,54-58]，所以本章的核函数也选择高斯核函数，为了保证映射得到的 $\boldsymbol{\Phi}$ 是标准化的 $\overline{\boldsymbol{\Phi}}$，需要对核矩阵 $\boldsymbol{K}$ 进行标准化，即中心化-方差归一化处理[62]，这与线性 PCA 对采样数据的标准化意义相同。首先，进行如下中心化处理 $\overline{\boldsymbol{K}} = \boldsymbol{K} - \boldsymbol{L}_{\mathrm{N}}\boldsymbol{K} - \boldsymbol{K}\boldsymbol{L}_{\mathrm{N}} + \boldsymbol{L}_{\mathrm{N}}\boldsymbol{K}\boldsymbol{L}_{\mathrm{N}}$，其中 $\boldsymbol{L}_{\mathrm{N}}$ 是系数为 $1/N$ 的 $N \times N$ 阶单位矩阵。之后，进行方差归一化处理 $\overline{\boldsymbol{K}}_{\mathrm{scl}} = \overline{\boldsymbol{K}}/\mathrm{trace}(\overline{\boldsymbol{K}})/(N-1)$，其中 $\mathrm{trace}(\cdot)$ 表示矩阵的迹。最后，用 $\overline{\boldsymbol{K}}_{scl}$ 替原有的 $\boldsymbol{K}$ 求解特征值和特征向量即可，具体形式如下：

$$\lambda\boldsymbol{v} = \overline{\boldsymbol{K}}\boldsymbol{v} \tag{3-10}$$

可以获得对应于 $\overline{\boldsymbol{K}}$ 的 u 个较大特征值 $\lambda_1,\lambda_1,\cdots,\lambda_u$ 的特征向量 $\boldsymbol{v}_1,\boldsymbol{v}_2,\cdots,\boldsymbol{v}_u$。一般根据相对特征值（Relative Eigenvalue，RE）来确定 u。RE 准则如下：

$$\lambda_i/sum(\lambda) \geq 0.0001 \tag{3-11}$$

本书所用为 KECA 白化矩阵，详细见第 2 章内容，这里利用核熵值的累积贡献率来进行核熵个数的选择，累积核熵贡献率定义如下：

$$\sum_{i=1}^{d} \hat{V}(p)_i \bigg/ \sum_{i=1}^{n} \hat{V}(p)_i \times 100\% \geqslant 85\% \tag{3-12}$$

记 $V = [v_1, v_2, \cdots, v_u]$，$\Lambda = \mathrm{diag}(\lambda_1, \lambda_1, \cdots, \lambda_u)$，则 PCA 负载矩阵为

$$H = (h_1, h_2, \cdots, h_u) = \bar{\Phi} V \Lambda^{-1/2} \tag{3-13}$$

白化矩阵为

$$Q = H \left(\frac{1}{n}\Lambda\right)^{-1/2} = \sqrt{n}\bar{\Phi} V \Lambda^{-1}\bar{k}^{\mathrm{T}} \tag{3-14}$$

KECA 得分为

$$\begin{aligned} z = H^{\mathrm{T}}\bar{\phi} &= \Lambda^{-1/2} V^{\mathrm{T}}\bar{\phi}^{\mathrm{T}}\bar{\phi} \\ &= \Lambda^{-1/2} V^{\mathrm{T}} \left[\bar{k}(x_1, x), \bar{k}(x_2, x), \cdots, \bar{k}(x_n, x)\right]^{\mathrm{T}} \\ &= \Lambda^{-1/2} V^{\mathrm{T}}\bar{k}^{\mathrm{T}} \end{aligned} \tag{3-15}$$

上式中 $\bar{\phi}$ 是 $\bar{\Phi}$ 的一列，$\bar{k}$ 是 $\bar{K}$ 的一行。

白化得分为

$$\bar{z} = Q^{\mathrm{T}}\bar{\phi} = \sqrt{n}\Lambda^{-1} V^{\mathrm{T}}\bar{k}^{\mathrm{T}} \tag{3-16}$$

实际上 $\bar{z}$ 是 z 的方差归一化结果，如下式所示：

$$z = \left(\frac{1}{n}\Lambda\right)^{1/2}\bar{z} \tag{3-17}$$

对于一个新的待监测测量向量 x_{new}，其对应的核向量为

$$K_{new} = \left[k(x_1, x_{new}), k(x_2, x_{new}), \cdots, k(x_n, x_{new})\right] \tag{3-18}$$

需要中心化和去量纲化：

$$\bar{K}_{new} = K_{new} - I_{new}K - K_{new}I_{new} + I_{new}KI_n, \quad \overline{K}_{new} = \frac{\overline{K}_{new}}{\mathrm{trace}(\overline{K}_{new})/(N-1)} \tag{3-19}$$

其中 $I_{new} = \frac{1}{n}[1, \cdots, 1]_n$。则新的 KECA 得分为

$$z_{new} = \Lambda^{-1/2} V^{\mathrm{T}}\overline{K}_{new}^{\mathrm{T}} \tag{3-20}$$

新的白化得分为

$$\bar{z}_{new} = \sqrt{n}\Lambda^{-1} V^{\mathrm{T}}\overline{K}_{new}^{\mathrm{T}} \tag{3-21}$$

对 $\bar{z}$ 进行 ICA 算法，如下式所示：

$$s = B^{\mathrm{T}}\bar{z} \tag{3-22}$$

根据 s 的非高斯性大小（可通过峰度系数表示），选择主导独立成分 s_d，

与其对应的 **B** 矩阵的列组成矩阵 $\boldsymbol{B}_d$，$\boldsymbol{s}_d = \boldsymbol{B}_d^{\mathrm{T}} \bar{\boldsymbol{z}}$。定义新的监测统计量 HS 和 HE，对于非高斯过程，使用 ICA 提取独立成分，将整个过程分为主导独立成分和模型预测误差两部分，在采样 i 处，第 p 个主导独立成分 $\boldsymbol{s}_d$ 的样本三阶累积量为

$$hs_d(i) = \boldsymbol{s}_d(i)\boldsymbol{s}_d(i-1)\boldsymbol{s}_d(i-2) = \boldsymbol{w}_p\bar{\boldsymbol{K}}(i)\boldsymbol{w}_p\bar{\boldsymbol{K}}(i-1)\boldsymbol{w}_p\bar{\boldsymbol{K}}(i-2) \tag{3-23}$$

其中 $\boldsymbol{w}_p$ 是解混矩阵 $\boldsymbol{W}_d$ 的第 p 行，$p = 1, 2 \cdots, d$。为了监测全部主导独立成分的三阶累积量，HCA 的第一个监测指标定义为

$$\mathrm{HS}(i) = \sum_{p=1}^{d}\left|hs_p(i)\right| \approx \left[\boldsymbol{s}_d(i)\boldsymbol{s}_d(i-1)\boldsymbol{s}_d(i-2)\right]^{\mathrm{T}}\left[\boldsymbol{s}_d(i)\boldsymbol{s}_d(i-1)\boldsymbol{s}_d(i-2)\right]$$
$$\tag{3-24}$$
$$= \left[w_p\boldsymbol{K}(i)w_p\boldsymbol{K}(i-1)w_p\boldsymbol{K}(i-2)\right]^{\mathrm{T}}\left[w_p\boldsymbol{K}(i)w_p\boldsymbol{K}(i-1)w_p\boldsymbol{K}(i-2)\right]$$

在采样 i 处，非高斯模型对第 q 个变量的预测误差的样本三阶累积量为

$$he_q(i) = \boldsymbol{e}_q(i)\boldsymbol{e}_q(i-1)\boldsymbol{e}_q(i-2) = \boldsymbol{l}_q\boldsymbol{K}(i)\boldsymbol{l}_q\boldsymbol{K}(i-1)\boldsymbol{l}_q\boldsymbol{K}(i-2) \tag{3-25}$$

其中 $\boldsymbol{l}_q$ 是 $\boldsymbol{L}$ 的第 q 行，$q = 1, 2 \cdots, m$。为了监测所有预测误差的三阶累积量，HCA 的另一个监测指标定义为

$$\mathrm{HE}(i) = \sum_{q=1}^{m}\left|he_q(i)\right| \approx \left[\boldsymbol{e}_q(i)\boldsymbol{e}_q(i-1)\boldsymbol{e}_q(i-2)\right]^{\mathrm{T}}\left[\boldsymbol{e}_q(i)\boldsymbol{e}_q(i-1)\boldsymbol{e}_q(i-2)\right]$$
$$\tag{3-26}$$
$$= \left[\boldsymbol{l}_q\boldsymbol{K}(i)\boldsymbol{l}_q\boldsymbol{K}(i-1)\boldsymbol{l}_q\boldsymbol{K}(i-2)\right]^{\mathrm{T}}\left[\boldsymbol{l}_q\boldsymbol{K}(i)\boldsymbol{l}_q\boldsymbol{K}(i-1)\boldsymbol{l}_q\boldsymbol{K}(i-2)\right]$$

HS 和 HE 监测统计量的控制限由核密度估计得出。

3.2.3　在线建模

对于在线监测，新时刻数据的监测统计量定义如下：

$$hs_{new}(i) = \boldsymbol{s}_{new}(i)\boldsymbol{s}_{new}(i-1)\boldsymbol{s}_{new}(i-2) = \boldsymbol{w}_p\bar{\boldsymbol{K}}_{new}(i)\boldsymbol{w}_p\bar{\boldsymbol{K}}_{new}(i-1)\boldsymbol{w}_p\bar{\boldsymbol{K}}_{new}(i-2) \tag{3-27}$$

$$\mathrm{HS}_{new}(i) = \sum_{p=1}^{d}\left|hs_{new,p}(i)\right| \approx \left[s_{new,d}(i)s_{new,d}(i-1)s_{new,d}(i-2)\right]^{\mathrm{T}}\left[s_{new,d}(i)s_{new,d}(i-1)s_{new,d}(i-2)\right]$$
$$= \left[w_{new,p}\boldsymbol{K}_{new}(i)w_{new,p}\boldsymbol{K}_{new}(i-1)w_{new,p}\boldsymbol{K}_{new}(i-2)\right]^{\mathrm{T}}\left[w_{new,p}\boldsymbol{K}_{new}(i)w_{new,p}\boldsymbol{K}_{new}(i-1)w_{new,p}\boldsymbol{K}_{new}(i-2)\right]$$
$$\tag{3-28}$$

$$he_{new}(i) = \boldsymbol{e}_{new}(i)\boldsymbol{e}_{new}(i-1)\boldsymbol{e}_{new}(i-2) = \boldsymbol{l}_q\boldsymbol{K}(i)\boldsymbol{l}_q\boldsymbol{K}(i-1)\boldsymbol{l}_q\boldsymbol{K}(i-2) \tag{3-29}$$

$$\mathrm{HE}_{new}(i) = \sum_{q=1}^{m}\left|he_{new,q}(i)\right| \approx \left[e_{new,q}(i)e_{new,q}(i-1)e_{new,q}(i-2)\right]^{\mathrm{T}}\left[e_{new,q}(i)e_{new,q}(i-1)e_{new,q}(i-2)\right]$$
$$= \left[l_{new,q}\boldsymbol{K}_{new}(i)l_{new,q}\boldsymbol{K}_{new}(i-1)l_{new,q}\boldsymbol{K}_{new}(i-2)\right]^{\mathrm{T}}\left[l_{new,q}\boldsymbol{K}_{new}(i)l_{new,q}\boldsymbol{K}_{new}(i-1)l_{new,q}\boldsymbol{K}_{new}(i-2)\right]$$
$$\tag{3-30}$$

整个基于 MKEICA 统计建模及在线监测实施算法如图 3-1 所示。该方法首先利用 KECA 代替传统 KPCA 作为 MKICA 数据的白化处理,使得白化后的数据矩阵可以更好地保持原始的数据结构,在白化得分矩阵里进行 ICA 分解将核熵数据空间的数据分解为独立元子空间和残差子空间,在两个子空间内分别构建三阶累积监测统计量 HS 和 HE 利用核密度估计两者的监测控制限用于过程的在线监测;将采集到新时刻的在线数据 x_{new} 进行标准化,将标准后的数据投影到核熵空间进行 ICA 分解为在线独立元空间和残差空间,在两个在线独立元空间和残差空间内计算监测统计量 HS_{new} 和 HE_{new},判断其是否超出监测控制限,如果新时刻的统计量没有超出监测控制限,则表明生产过程没有异常情况发生;如果新时刻的统计量任意一个或两个都超出监测控制限,则判断此时的生产出现异常,需要对其进行故障变量追溯。这里构造的三阶累积监测统计量针对传统 MKICA 监测方法所构建的监测统计量为二阶统计量的不足,提出了三阶累积量的监测统计量用于过程监测,旨在克服传统统计量在监测时存在较高误警和漏报的问题,改善故障监测的可靠性和灵敏度。

3.2.4 故障诊断

根据第 2 章故障诊断的研究结果,采用 RBF 核函数计算核矩阵,假设存在向量 $v = [v_1, v_2, \cdots, v_m]^T (i = 1, 2, \cdots, m)$,则核函数可写成:

$$k(x_j, x_k) = \exp(-\|v \cdot x_j - v \cdot x_k\|^2 / \sigma) \tag{3-31}$$

核函数对于第 i 个变量 v_i 的偏导可用下式计算:

$$\frac{\partial k(x_j, x_k)}{\partial v_i} = \frac{\partial k(v \cdot x_j, v \cdot x_k)}{\partial v_i}$$

$$= -\frac{1}{\sigma}(v_i x_{j,i} - v_i x_{k,i})^2 k(v \cdot x_j, v \cdot x_k) \tag{3-32}$$

$$= -\frac{1}{\sigma}(v_i x_{j,i} - v_i x_{k,i})^2 k(x_j, x_k)\Big|_{v_i=1}$$

其中 $x_{j,i}$ 为第 j 个样本的第 i 个变量,因此,第 i 个变量对核向量第 j 个元素的贡献为求两个核函数乘积的偏导:

$$C\_k_{new,j}(i) = \frac{\partial k(x_j, x_{new}) k(x_k, x_{new})}{\partial v_i}$$

$$= -\frac{1}{\sigma}\Big[(x_{j,i} - x_{new,j})^2 + (x_{k,i} - x_{new,i})\Big] \times k(x_j, x_{new}) k(x_k, x_{new}) \tag{3-33}$$

对于在线监测,根据变量对角贡献[11],核向量的第 j 个元素对 HS 的贡

献为

$$C\_HS(\boldsymbol{k}_{new,j}) = nk_{new,j}^2 HS(j) \tag{3-34}$$

其中, $hs_{new,p}(j)$ 是 $hs_{new,p}$ 的第 j 行, 进一步, $hs_{new,p}$ 中第 i 个变量对 HS 的贡献为

$$C\_HS(i) = n\left(C\_\boldsymbol{k}_{new,j}(i)^2\right)\left\|hs_{new,p}(j)\right\|^2 \tag{3-35}$$

按照上述方法可求出核向量第 j 个元素对 HE 的贡献。当 HS 或 HE 检测到故障时, 可以采用变量贡献分析进行故障诊断。对于一个监测指标, 变量对该指标的贡献由下式定义:

$$Index = \sum_{j=1}^{m} C_j^{Index} \tag{3-36}$$

这里 C_j^{Index} 表示第 j 个变量对指标 $Index$ 的贡献, 所有变量贡献之和应该等于该指标的值。结合式 (3-32)~式(3-35), 对 HS 进行如下分解:

$$
\begin{aligned}
HS(i) &= \sum_{p=1}^{d}\left|\left[s_p(i)s_p(i-1)s_p(i-2)-mhs_p\right]\middle/vhs_p\right| = \sum_{p=1}^{d}\left|\left[w_p x(i)s_p(i-1)s_p(i-2)-mhs_p\right]\middle/vhs_p\right| \\
&= \sum_{p=1}^{d}\left\{sign\left[s_p(i)s_p(i-1)s_p(i-2)-mhs_p\right]\times\left[w_p x(i)s_p(i-1)s_p(i-2)-mhs_p\right]\middle/vhs_p\right\} \\
&= \sum_{p=1}^{d}\left\{sign\left[s_p(i)s_p(i-1)s_p(i-2)-mhs_p\right]\times\sum_{j=1}^{m}\left[w_{p,j}x_j(i)s_p(i-1)s_p(i-2)-cmhs_{p,j}\right]\middle/vhs_p\right\} \\
&= \sum_{j=1}^{m}\sum_{p=1}^{d}\left\{sign\left[s_p(i)s_p(i-1)s_p(i-2)-cmhs_{p,j}\right]\times\sum_{j=1}^{m}\left[w_{p,j}x_j(i)s_p(i-1)s_p(i-2)-cmhs_{p,j}\right]\middle/vhs_p\right\} \\
&= \sum_{j=1}^{m}C_j^{HS}(i)
\end{aligned}
\tag{3-37}
$$

式中, $C_j^{HS}(i) = \sum_{p=1}^{d}\left\{sign\left[s_p(i)s_p(i-1)s_p(i-2)-mhs_p\right]\times\sum_{j=1}^{m}\left[w_{p,j}x_j(i)s_p(i-1)s_p(i-2)-cmhs_{p,j}\right]\middle/vhs_p\right\}$ 表示第 j 个变量对 HS 的贡献; $cmhs_{p,j}$ 为第 j 个变量对 hs_p 的贡献, 其计算公式为

$$
\begin{aligned}
cmhs_{p,j} &= E\left[w_{p,j}x_j(i)s_p(i-1)s_p(i-2)\right] \\
&= \frac{1}{n-2}\sum_{i=3}^{n}w_{p,j}x_j(i)s_p(i-1)s_p(i-2)
\end{aligned}
\tag{3-38}
$$

$$C\_HS(\boldsymbol{k}_{new,j}) = nk_{new,j}^2 HE(i) \tag{3-39}$$

其中, $he_{new,p}(j)$ 是 $he_{new,p}$ 的第 j 行, 进一步, $he_{new,p}$ 中第 i 个变量对 HE 的贡献为按照 HS 的分解方法, HE 可做如下分解:

$$HE(i) = \sum_{q=1}^{m} \left[\left[e_k(i) e_q(i-1) e_q(i-2) - mhe_q \right] \middle/ vhe_q \right] = \sum_{q=1}^{m} \left[\left[l_q x(i) sl_q(i-1) l_q(i-2) - mhe_q \right] \middle/ vhe_q \right]$$

$$= \sum_{q=1}^{m} \left\{ sign \left[e_q(i) e_q(i-1) e_q(i-2) - mhe_q \right] \times \left[l_{q,j} x_j(i) e_q(i-1) e_q(i-2) - cmhe_{q,j} \right] \middle/ vhe_q \right\}$$

$$= \sum_{q=1}^{m} \left\{ sign \left[e_q(i) e_q(i-1) e_q(i-2) - mhe_q \right] \times \left[l_{q,j} x(i) e_q(i-1) e_q(i-2) - cmhe_{q,j} \right] \middle/ vhe_q \right\} \quad (3\text{-}40)$$

$$= \sum_{j=1}^{m} \sum_{p=1}^{d} \left\{ sign \left[e_q(i) e_q(i-1) e_q(i-2) - mhe_q \right] \times \left[l_{q,j} x(i) e_q(i-1) e_q(i-2) - cmhe_{q,j} \right] \middle/ vhe_q \right\}$$

$$= \sum_{j=1}^{m} C_j^{HE}(i)$$

式中，$C_j^{HE}(i) = \sum_{q=1}^{m} \left\{ sign \left[e_q(i) e_q(i-1) e_q(i-2) - mhe_q \right] \times \left[l_{q,j} x(i) e_q(i-1) e_q(i-2) - cmhe_{q,j} \right] \middle/ vhe_q \right\}$ 表示第 j 个变量对 HE 的贡献。$cmhe_{q,j}$ 为第 j 个变量对 he_q 的贡献，由下式所示：

$$cmhe_{q,j} = E \left[l_{q,j} x(i) s_p(i-1) s_p(i-2) \right] = \frac{1}{n-2} \sum_{i=3}^{n} l_{q,j} x(i) s_p(i-1) s_p(i-2) \quad (3\text{-}41)$$

$$C\_HE(k_{new,j}) = n k_{new,j}^2 cmhe_{p,j} \quad (3\text{-}42)$$

以上推导了基于核的高阶累计量监测统计量贡献值，当过程监测模型发现有异常情况时，可用此贡献图方法对故障变量进行追溯。

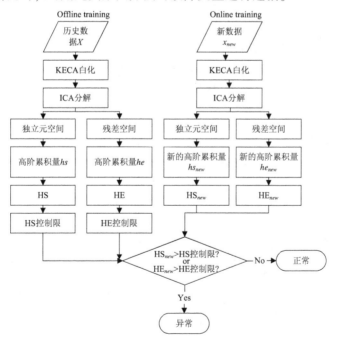

图 3-1　基于 MKEICA 模型的过程监测流程图

Fig. 3-1　Flow chart of MKEICA algorithm

3.3 算法验证

3.3.1 仿真实验

  本节实验采用第 2 章中介绍的青霉素发酵仿真平台 Pensim2.0 作为算法测试平台，对本章提出的监测策略进行全面测试。这里实验的主要目的是证明下列观点：（1）基于间歇过程的数据是非线性、非高斯性的，不是单一存在的；（2）基于 KEICA 的监测模型具备有效的故障监测能力。首先基于仿真平台共产生 40 个长度不等的正常批次建立初始模型参考数据库。选择 10 个过程变量来监测过程的运行，见表 2-1。采用 DTW[99,100] 技术将各批次发酵周期设定为 400h，采样间隔为 1h，对应产生 50 个正常批次。为了验证过程的非高斯特性，本书对 10 个过程变量进行正态验证如图 3-2 所示，如果数据服从正态分布，则图中数据点"+"应该近似为一条直线，即图中单点画线附近。变量 5 到变量 10 明显的弯曲度表明，过程数据并不服从正态分布。当正态分布前提假设不成立时，基于 ICA 算法成为必然的选择。如图 2-3 所示，过程变量具有强烈的非线性，说明青霉素发酵过程的数据具有非线性、非高斯特性。此外，为了验证算法的有效性，引入四种故障类型，表 3-1，用于对比本章模型和传统 MKICA 方法对故障的监测能力。

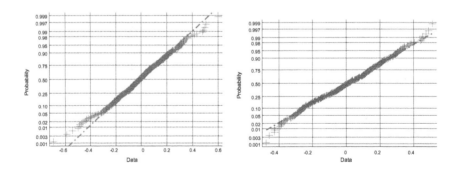

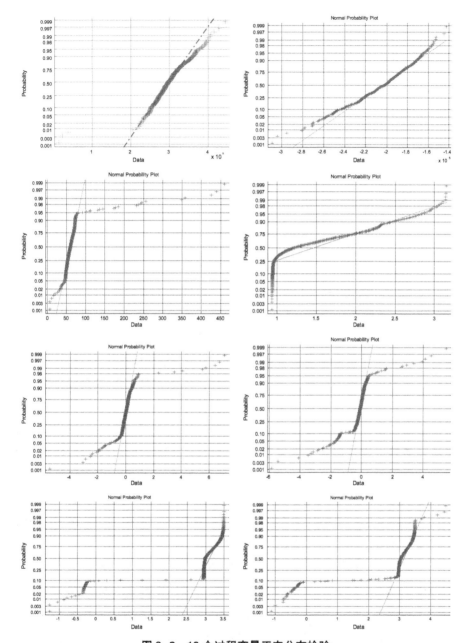

图 3-2 10 个过程变量正态分布检验

Fig. 3-2 10 process varables of normal distribution test

表 3-1　仿真中用到的故障类型

序号	变量名称	故障类型	幅度	时间/h
故障 1	搅拌功率	斜坡扰动	2.0%	200~400
故障 2	搅拌功率	斜坡扰动	0.2%	200~400
故障 3	通风速率	阶跃扰动	5.0%	200~250
故障 4	补料速率	斜坡扰动	3.0%	50~400

3.3.2　监测结果与讨论

首先引入表 3-1 中的第一个故障，搅拌功率在 200h 时直到反映结束按照 0.02 的斜率增长，从图 3-3（a）的监测结果可以看出，I^2 和 SPE 两个监测统计量分别从 224h 和 211h 起超出控制限，图 3-3（b）所示的 HS 和 HE 两个统计量分别从 215h 和 204h 起超出控制限。第二种故障，搅拌功率在 200h 时直到反映结束按照 0.002 的斜率增长，从图 3-4（a）的监测结果可以看出 I^2 统计量从 236h 起超出控制限，SPE 统计量存在大量的漏报警，漏报率达到 82%，图 3-4（b）所示的 HS 和 HE 两个监测统计量分别在 215h 和 203h 超出控制限。和图 3-3 中的监测结果对比，这里的监测统计量 I^2 和 SPE 随着故障幅值变化的减小，其破获故障的能力下降，而 HS 和 HE 两个监测统计量都可以即时准确发现故障，不因故障幅值下降而降低对其的监测性。这说明针对以上两个故障，MKEICA 方法优于 MKICA 方法。第三个故障为通风速率在 200~250h 时刻引入阶跃变化，增长幅值为 5%。监测结果如图 3-5 所示，故障一旦发生，MKICA 和 MKEICA 的监测统计量指标均立刻超出控制限，这是因为此类故障发生了大幅度突变，两种监测模型在针对突变大幅值的故障时具有一样的故障识别能力。但对比图 3-5（a）和图 3-5（b）可以看出，后者的故障幅度上升幅值大于前者，并且 MKICA 的 SPE 监测统计量存在微小故障的误报警现象。第四个故障为补料速率从 50h 开始直到反映结束，按照 0.03 的斜率增长，从图 3-6（a）显示的监测结果可以看出，I^2 和 SPE 两个监测统计量分别从 78h 和 65h 起超出控制限，I^2 监测图存在误报警现象，误报率为 14%，SPE 监测图存在漏报警现象，漏报率为 26%。从图 3-6（b）显示的监测结果可以看出，HS 和 HE 两个统计量分别从 86h 和 60h 起超出控制限，并且两者不存在故障的误报警和漏报警现象。从以上分析可以得出，MKEICA 算法的故障监测能力强于 MKICA 算法。

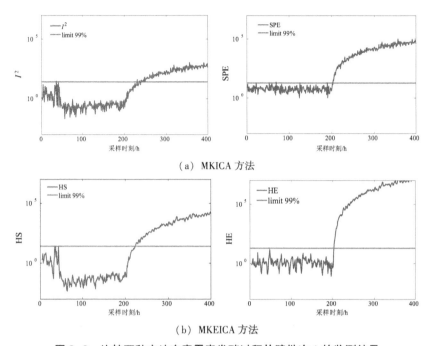

（a）MKICA 方法

（b）MKEICA 方法

图 3-3 比较两种方法在青霉素发酵过程故障批次 1 的监测结果

Fig. 3-3 Monitoring results using（a）MKICA and（b）MKEICA for fault batch 1

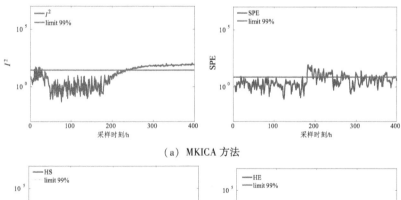

（a）MKICA 方法

（b）MKEICA 方法

图 3-4 比较两种方法在青霉素发酵过程故障批次 2 的监测结果

Fig. 3-4 Monitoring results using（a）MKICA and（b）MKEICA for fault batch 2

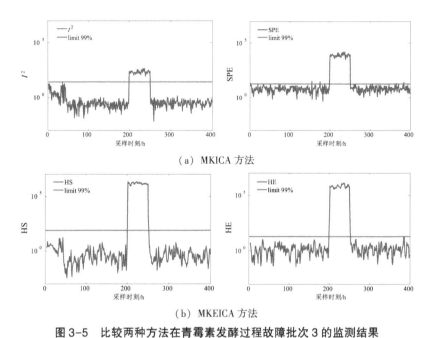

（a）MKICA 方法

（b）MKEICA 方法

图 3-5　比较两种方法在青霉素发酵过程故障批次 3 的监测结果

Fig. 3-5　Monitoring results using（a）MKICA and（b）MKEICA for fault batch 3

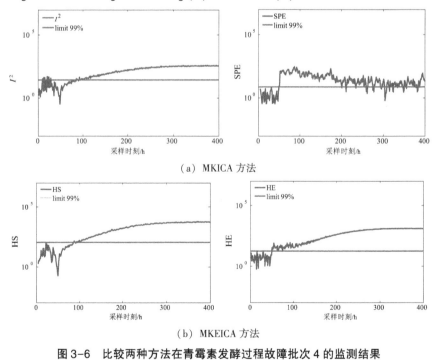

（a）MKICA 方法

（b）MKEICA 方法

图 3-6　比较两种方法在青霉素发酵过程故障批次 4 的监测结果

Fig. 3-6　Monitoring results using（a）MKICA and（b）MKEICA for fault batch 4

当发现故障后进行故障诊断，选择第 300h 来进行故障诊断，由监测图 3-3~图 3-6 所示，监测统计量 HS 和 HE 在 300h 时，都超出了控制限，选择此时进行故障诊断可以验证故障诊断的正确性，针对故障 1 和故障 2 诊断图如图 3-7（a）和（b）所示，变量 2 在此时刻针对监测统计量的贡献度最大，判定此故障是由变量 2 引起的，结合表 2-1 和表 3-1，可知此判断正确。针对故障 3 诊断图如图 3-7（c）所示，变量 1 在此时刻针对监测统计量的贡献度最大，判定此故障是由变量 1 引起的，结合表 2-1 和表 3-1，可知此判断正确。针对故障 4 诊断图如图 3-7（d）所示，变量 9 和 10 在此时刻针对监测统计量的贡献度最大，判定此故障是由变量 9 和 10 引起的，结合表 2-1 和表 3-1，可知此判断错误。分析原因可知，此故障为变量 3 引起的故障，但是贡献图方法并没有诊断出变量，这说明基于贡献图的故障诊断方法存在缺陷，在实际使用中要区别对待。但是仔细分析会发现，故障 4 是由补料速率即变量 3 引起的，由于补料速率的增加，使得微生物的生化反应加速，此时的微生物反应为放热，使得发酵罐内温度升高，控制系统控制温度对其进行冷却，灌入冷凝水，生产回到正常控制范围内。这期间由于罐内温度、冷凝水流量与正常状态的时段不同，故此时故障诊断结果为温度和冷凝水流量。这也说明，针对补料速率的异常，其变化远没有温度和冷凝水流量变化明显，但是结合第 2 章介绍的 Pensim 仿真平台的故障类型可以进行反向推断，此故障是由变量 3 引起的。综上，在使用贡献图进行故障诊断时具有一定的有效性。

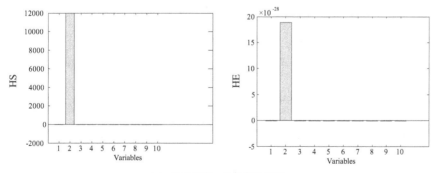

（a）针对故障 1 的故障诊断图

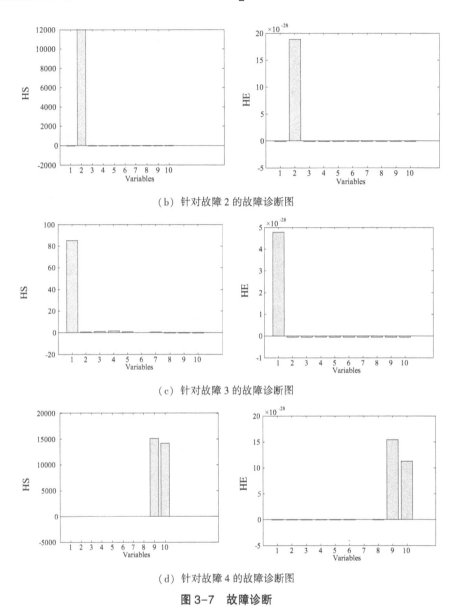

（b）针对故障 2 的故障诊断图

（c）针对故障 3 的故障诊断图

（d）针对故障 4 的故障诊断图

图 3-7　故障诊断

Fig. 3-7　Fault Diagnosis（a）Fault 1（b）Fault 2（c）Fault 3（4）Fault 4

3.3.3　使用实际生产数据进行验证

这里实验的主要目的是证明下列观点：（1）基于阶段的过程数据是非线性、非高斯性共存的，不是单一存在的；（2）基于 KEICA 建立的监测模型具备有效的故障监测能力。本节给出本书的方法在北京亦庄某生物制药公司基因重组大肠杆菌外源蛋白表达制备白介素-2 的发酵过程监测中的应用。发酵过程采用 Sartorius BIOSTAT BDL 15L 发酵罐，图 3-8 所示为大肠杆菌发酵过程原理示意图，其中控制器通过蠕动泵调节补充培养液（葡萄糖、氨水、培养基）的速率，并通过给定参数实现对通气量、搅拌转速、pH 值、温度等的控制。培养基包括酵母粉、无机盐等成分。重组大肠杆菌制备白介素-2 的发酵过程是一个典型的多阶段过程，主要包括无补料菌种培养阶段、菌种的补料快速生长阶段、诱导产物合成阶段。发酵过程的采样间隔为 0.5h，初始接种量为 700mL。选择 7 个主要过程变量来综合表征菌体生长及外源蛋白表达的状况，见表 3-2。选取 33 个正常批次作为初始模型参考数据库，得到不等长的三维数据矩阵 X [33×7×（38~40）]，利用 DTW 技术使其变为等长 X（33×7×39）。对过程变量数据进行正态检验的结果如图 3-9 所示，如果数据服从正态分布，则图中数据点 "+" 应该近似为一条直线，即图中直线附近，变量 1 至变量 6 都具有非高斯特性。此外，为了验证模型的有效性，引入两种类型的故障见表 3-3。

表 3-2　大肠杆菌发酵过程可检测变量

Table 3-2　The measuring parameters in Escherichia coli fermentation processes

序号	变　量
1	pH 值
2	溶解氧浓度（DO,%）
3	温度（Temperature,℃）
4	搅拌转速（Agitator speed，r/min）
5	补葡萄糖量（Glucose feed rate，mL）
6	补培养基量（Culture medium feed rate，mL）
7	通气量（Aeration rate，L·m⁻¹）

表 3-3　工厂过程故障类型

Table 3-3　Fault types introduced in process

序号	变量名称	故障类型	幅度	时间/h
故障 1	搅拌功率	阶跃变化	10%	15~39
故障 2	补糖速率	斜坡扰动	5.0%	15~39

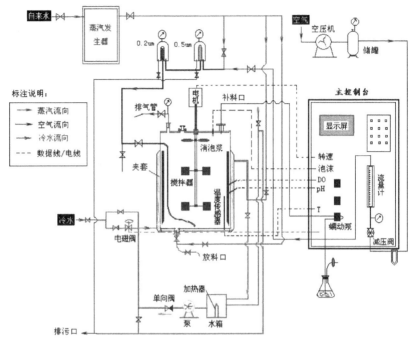

图 3-8　大肠杆菌发酵系统原理示意图

Fig. 3-8　Schematic of Fermentation Equipment and Control System

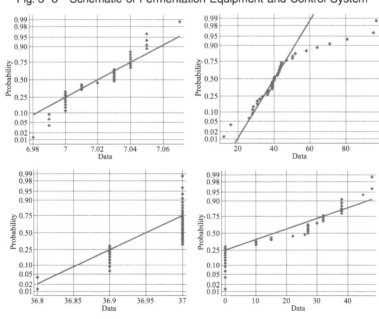

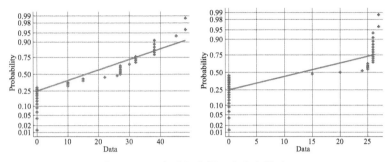

图 3-9　6 个过程变量正态分布检验

Fig. 3-9　6 process varables of normal distribution test

3.3.4　监测结果与讨论

针对表 3-3 中故障 1 的监测结果如图 3-10 所示，两种方法的监测统计在故障发生的时刻第一时间都超出了控制限，但是从图3-10（a）可以看出，I^2 监测图存在故障的漏报警，漏报率为 9%，SPE 监测图存在故障的误报警，误报率为 17%，从图 3-10（b）可以看出 HS 和 HE 监测图不存在故障的漏报警和误报警现象。当监测到生产过程存在异常情况时，选择 25h 进行故障诊断，针对故障 1 的故障诊断图如图 3-12（a）所示，变量 3 为故障变量，与表 3-2、3-3 可知，可以准确识别故障源。针对表 3-2 中的故障 2 的监测结果如图 3-11 所示，MKICA 的 I^2 监测统计量在 27h 才整体超出控制限，SPE 监测统计量在 36h 附近超出监测控制限，基本失去了对此故障的识别能力。而 MKEICA 的 HS 和 HE 监测统计量则体现了高效的故障监测能力，分别在 16h 和 18h 超出各自的控制限，并且不存在故障的误报警和漏报警，选择 26h 对其进行故障诊断，如图 3-12（b）所示，变量 5 针对监测统计量的贡献最大，与表 3-2、表 3-3 进行对照可知，该方法可以准确识别该故障。通过以上分析可以得出，MKEICA 监测模型优于 MKICA 监测模型。

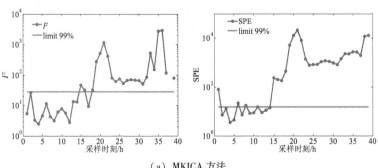

（a）MKICA 方法

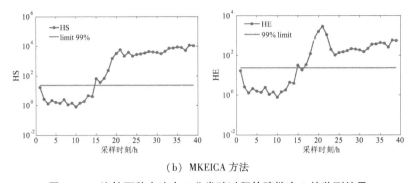

（b）MKEICA 方法

图 3-10　比较两种方法在工业发酵过程故障批次 1 的监测结果

Fig. 3-10　Monitoring results using（a）MKICA and（b）MKEICA for industry fault batch 1

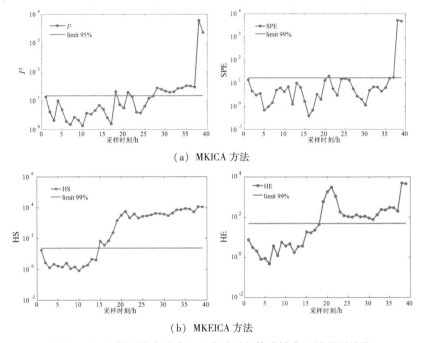

（a）MKICA 方法

（b）MKEICA 方法

图 3-11　比较两种方法在工业发酵过程故障批次 2 的监测结果

Fig. 3-11　Monitoring results using（a）MKICA and（b）MKEICA for industry fault batch 2

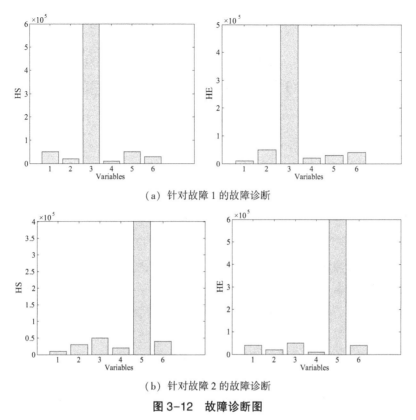

（a）针对故障 1 的故障诊断

（b）针对故障 2 的故障诊断

图 3-12　故障诊断图

Fig. 3-12　Fault diagnosis（a）fault 1（b）fault 2

3.4　本章小结

　　针对间歇过程的非线性和非高斯性问题，提出基于 MKEICA 的过程监测方法。该方法首先利用 KECA 代替传统 KPCA 作为 MKICA 数据的白化处理，使得白化后的数据矩阵可以更好地保持原始的数据结构，其次针对传统 MKICA 监测方法所构建的监测统计量为二阶统计量的不足，提出了三阶累积量的监测统计量用于过程监测，旨在克服传统统计量在监测时存在较高误警率和漏报率的问题，改善故障监测的可靠性和灵敏度。通过对青霉素仿真平台和工业发酵过程的应用，表明该方法与传统 MKICA 方法相比，确实能有效减少系统出现的误警率和漏报率，为间歇发酵过程监测提供一种可行的解决方案，具有一定的实用价值。

第4章 基于核熵成分分析的 间歇过程多阶段监测方法研究

4.1 引言

绪论中已经指出，多阶段特性是间歇过程的固有特征[22,36-38,44,76-80]，在每个阶段内都具有特定、独有的运行模式和潜在过程特性，以及不同的关键过程变量及特定的控制目标。避免由于阶段变化带来的过程变量变化而造成过程监测的误报警，甚至有时候由于过程阶段的变化，会淹没过程的故障[22,36,37,44,79,101]。在前面的章节中，我们系统地介绍和分析了基于 MKECA 和 MKEICA 过程监测方法，这些过程监测方法均是将完整批次的所有数据当作一个整体来进行建模，这种整体建模的思想利用的是所有过程数据的均值和方差信息，描述的是过程运行的历史平均轨迹，易受到诸如噪声及离群点的影响，当其应用在故障的过程监测时，往往具有较高的故障漏报率和误警率。分析上述原因，主要是因为整体模型忽略了间歇过程生产中的多阶段特征，由于间歇生产过程在每一个阶段内其过程变量的均值和方差都会有显著的差异，不同阶段内数据的均值和方差变化较大，利用整体建模思想的均值和方差，很难揭示过程变量相关性的变化，无法直接应用于具有多阶段特性的间歇工业过程的监测或故障诊断[36,79]。由于不同模态下的过程特性有着巨大的差异性，若采用单一、整体模型，很难表征过程的多个不同阶段，而且会导致当前模型在监测其他阶段时容易出现大量的误报警和漏报警现象。换句话说，用整体的模型来描述整个生产进程，务必使得其整体控制限在针对各个阶段的监控中，要么过于宽松，要么过于严格，导致故障发生初期不能及时报警，出现大量漏报警的情况。不论哪一种情况，都会导致过程监测的错误判断，甚至使得过程监测彻底失效。目前，针对间歇过程的多阶段特性的监控，国内外学者做了大量的工作，如 Lu 等人[25]通过利用 PCA 分解后的载荷矩阵，将间歇过程划分为多个操作阶段，分别建立各时段的子模型用于过程监测并取得了不错的效果。然而，上述方法属于硬分类方法，不能反映过渡阶段的特性，从而造成相邻阶段的过渡过程特性变化对检测结果产生很大影响。这是因为相比于作为主要运行模态的稳定阶段，阶段与阶段之间的过渡过程虽不是主流的机理过程，但却是普遍存在的现象和重要的过程行为。这种过渡阶段表现为一种动态的渐变趋势，不仅体现在间歇过程变量的变化上，更体现在间歇过程变量相关关系的变化上[23,36-38,44,79,80]。由于间歇生产过程在过渡阶段具有不稳定性，处在过渡阶段的生产过程极易受到外界干扰而偏离正常过程的运行轨迹，进而影响最终的产品质量和生产过程安全，因此，为确保整个生产过程安全稳定地进行，对过渡过程进行故障监测具有十分重要的意义。鉴于过渡区域较稳定模态所独有的过程机理特性，有必要将过渡区域辨识出来进行独立于稳定阶段的建模分析。为此，Zhao 等人[26]提出了基于K 均值的间歇过程子时段划分方法及过程监测方法，该方法在稳定子时段划分的基础上引入模糊隶属度作为与过渡模式相邻的两个子时段模型的权重系数，综合相邻两个稳定子阶段的特性来近似描述过渡子阶段的特性，提高了模型的监测精度。但是上述阶段划分方法仅利用 PCA 对数据进行分析后用未舍弃任何信息的负载矩阵来描述生产过程，利用负载矩阵进行阶段划分，如果负载矩阵含有离群点和噪声，势必影响阶段划分的正确性。为此，Wang 等人[101]提出两步阶段划分方法，该方法首先利用 PCA 对时间片数据矩阵分析后根据主元个数的不同来对间歇过程进行阶段粗分，然后在每个粗分的阶段内，根据过程变量相关性的变化进行阶段细分。经过两步阶段划分后，相同阶段内的主成分个数相同以及变量变异方向相近。但是其在过渡阶段利用的是整体监测模型，即在整个过渡阶段内用一个整体 PCA 模型进行过程监测，未考虑过渡过程的动态非线性的特性，因此其在过渡阶段的监测效果不好。为解决过渡阶段监测的问题，针对过渡阶段数据具有非线性的监测，Qi[79,80]引入 0~1 模糊隶属度的概念，用 FCM 进行阶段划分后，提出在稳定阶段建立PCA 监测模型，在过渡阶段建立 KPCA 监测，所建立的过渡阶段的监测模型充分考虑了间歇过程非线性的特性，取得了成功应用。但是 FCM 在进行阶段划分时，需要事先输入聚类个数，这就要求事先知道阶段个数，而实际间歇过程未必都事先知道其具体阶段个数，这影响了其对未知过程的应用。上述阶段监测方法分析后发现有以下两方面的不足：（1）聚类数据的输入是MPCA 分解后的负载矩阵，而 MPCA 是线性化方法不能处理间歇过程的非线性，其分解后的负载矩阵必然失去非线性的特征，而非线性又是间歇过程的固有特性，造成非线性数据的丢失。（2）采用的 K 均值或 FCM 聚类算法需提前指定划分阶段的个数，一旦阶段个数选取得不合适，就会使划分结果与数据集的真正结构不符合，也就是不符合过程的实际运行机制，其对过程的监测将造成大量的误报警和漏报警。

针对上述分析的问题，本章提出了基于多阶段 KECA 方法用于间歇过程的故障监测，该方法将三维历史数据按照时间片展开，将其映射到高维核熵空间进行阶段的粗划分，在粗划分阶段的基础上，将采样时间扩展到核熵负载矩阵中进行阶段的细划分，最终将生产过程划分为稳定阶段和过渡阶段，并在每个阶段内构建监测模型，对间歇过程进行过程监测，当监测到有异常工况发生时，利用时刻贡献图方法对其进行故障诊断。

4.2 多阶段过程监测策略

4.2.1 阶段粗划分

在核熵成分聚类算法中需要事先人为输入聚类个数，而在间歇过程数据中，聚类的个数对结果的影响很大。为了解决以上问题，本书引入了基于角距离的离散度，提出了自适应选取聚类个数的准则，按照类内离散度[84,85]：

$$S_w = \frac{1}{\sum_{i=1}^{C} N_i^2} \sum_{t,t' \in C_i} \cos \angle(\boldsymbol{\phi}_{eca}(\boldsymbol{x}_t), \boldsymbol{\phi}_{eca}(\boldsymbol{x}_{t'})), \forall i = 1, \cdots, C \tag{4-1}$$

其中，C 为聚类数。类间离散度：

$$S_b = \frac{1}{N^2 - \sum_{i=1}^{C} N_i^2} \sum_{t \in C_i, t' \in C_j, i \neq j} \cos \angle(\boldsymbol{\phi}_{eca}(\boldsymbol{x}_t), \boldsymbol{\phi}_{eca}(\boldsymbol{x}_t')), \forall i, j = 1, \cdots, C \tag{4-2}$$

在聚类应用分析中，借鉴费希尔判别准则，使用类内和类间离散度的差作为准则函数[104]。

$$J = \max_{c,\sigma}(S_w - S_b) \tag{4-3}$$

准则函数越大，聚类效果越好，所以在实际应用中应尽可能使准则函数取值最大化。我们用 KECA 转换后的数据 $\boldsymbol{\phi}_{eca}$ 代表 $\boldsymbol{\phi}$ 来对基于角度的价值函数进行优化，最优化过程就是用角度距离替代欧式距离的过程，下面给出基于 KECA 普聚类算法的步骤：

步骤 1：对数据进行 KECA 转换，得到转换后的数据集 $\boldsymbol{\phi}_{eca}$。

步骤 2：初始化平均向量 $\boldsymbol{m}_i, i = 1, \cdots, C$。

步骤 3：对所有的 t：$\boldsymbol{x}_t \rightarrow C_i$：$\max\cos\left(\boldsymbol{\phi}_{eca}(\boldsymbol{x}_t), \boldsymbol{m}_i\right)$。

步骤 4：更新平均向量。

步骤 5：重复步骤 3、步骤 4，直到收敛。

4.2.2 阶段细划分

MKECA 根据熵值的大小，选择对 Renyi 熵最大的前 i 个特征值及其对应的特征向量，MKECA 中的熵成分（Entropy Component，EC）体现了数据变量主要的变异方向和变异幅值。计算熵成分的投影向量矩阵 $\boldsymbol{P}_k = 1/\sqrt{\lambda_i}\,\boldsymbol{\phi}\boldsymbol{e}_i$，其中 λ_i 和 $\boldsymbol{e}_i$ 是特征值和特征向量，具体求解过程参阅参考文献 [81, 84]。由于间歇过程的测量数据中包含噪声和奇异值，会导致某些时刻的间歇过程的数据发生突然变化，数据间相对关系也会随之改变，从而使其核熵负载矩阵 $\boldsymbol{P}_k$ 也随之发生变化，容易造成生产过程阶段的错误划分，即将当前阶段的数据错误划分到其他阶段中，从而在过程监测中造成大量的误报警和漏报警，有些甚至失去监测性能 [103]。间歇过程阶段间的巨大差异性首先体现在随生产进程延续的采样时刻上，为了解决误差引起的阶段错误划分问题，本章将采样时间 t_k 扩展到核熵负载矩阵中，利用核熵扩展负载矩阵的变化来描述间歇过程的变化。核熵扩展负载矩阵为 $\hat{\boldsymbol{P}}_k = [\boldsymbol{P}_k \; t_k]$，扩展负载矩阵间的欧氏距离如下：

$$\left\| \hat{\boldsymbol{P}}_i - \hat{\boldsymbol{P}}_j \right\| = \sqrt{\begin{bmatrix} \boldsymbol{P}_i - \boldsymbol{P}_j & t_i - t_j \end{bmatrix}\begin{bmatrix} \boldsymbol{P}_i - \boldsymbol{P}_j & t_i - t_j \end{bmatrix}^{\mathrm{T}}} = \sqrt{\left\| \boldsymbol{P}_i - \boldsymbol{P}_j \right\|^2 + \left\| t_i - t_j \right\|^2} \quad (4\text{-}4)$$

由式（4-4）可以看出，扩展核熵负载矩阵间的欧氏距离由两部分组成，一部分是核熵负载矩阵间的欧氏距离，另一部分则是采样时间 t_k 的差异。这样当负载矩阵间距离 $\left\| \boldsymbol{P}_i - \boldsymbol{P}_j \right\|^2$ 由于误差引起的突变，例如从属于两个不同阶段的负载矩阵之间的距离 $\left\| \boldsymbol{P}_i - \boldsymbol{P}_j \right\|^2$ 突然变小时，采样时间之间的差距 $\left\| t_i - t_j \right\|^2$ 会使得两组数据依然被划分至不同的阶段 [103]，如果仅按照核熵负载矩阵的变化会把其化分到一个阶段，这也是基于 Lu 等人 [25]、Zhao 等人 [26,36,38]、Yao 等人 [77,78] 方法的不足之处，极易受到过程变量测量误差和噪声的干扰，而本章提出的扩展核熵负载矩阵则很好地避免了误分类的产生，使得间歇生产过程的阶段划分更加准确。处于生产过渡阶段数据的核熵负载矩阵不但与稳定阶段核熵负载矩阵间的距离 $\left\| \boldsymbol{P}_i - \boldsymbol{P}_j \right\|^2$ 较小，其与稳定阶段间采样时刻差距 $\left\| t_i - t_j \right\|^2$ 也很小，这就使得过渡阶段与稳定阶段很好地区分开来。为衡量两个投影向量之

间的相似性，本书定义相似度为：

$$D_{i,j}^p = 1 - \sum_{l=1}^{J} \gamma_l \frac{\left| p_{il}^{\mathrm{T}} p_{jl} \right|}{\| p_{il} \| \cdot \| p_{jl} \|}$$

(4-5)

式（4-5）中 γ_l 为加权系数，γ_l 的定义如下：

$$\gamma_l = \frac{1}{l} \bigg/ \sum_{h=1}^{J} \frac{1}{h} \; (l = 1, 2, l, J)$$

(4-6)

其中 $\sum_{h=1}^{J} \frac{1}{h} = 1$，并且 $1 > \gamma_1 > \gamma_2 > \cdots > \gamma_a > 0$。由式（4-5）可以看出表示核熵负载矩阵 P_i 和 P_j 中 J 个投影方向的夹角余弦值的加权和，由于两个相近方向的夹角余弦值接近 1，而 $\gamma_l < 1$，所以 $D_{i,j}^p \geq 0$，式（4-10）越接近 0，表示核熵负载矩阵 P_i 和 P_j 的相似性越高。在每个子阶段内部，均具有相近的核熵负载矩阵，而不同子时段间核熵负载矩阵不同，又或者是两者均不相同。当某一子阶段或者连续几个子阶段相对于其他阶段所包含的样本数量较少时，就表明其为一个操作时段向另一个操作时段转化的过渡划分，由此可以按照上述方法将子时段划分为稳定子时段与过渡子时段，在每个子时段内，时间片间的过程特性是极其相似的，可以采用统一的监测模型替代同一时段内的时间片 KECA 模型。阶段细划分算法的主要步骤如下：

步骤 1：三维建模数据阵沿批次方向展开进行数据标准化，并分割为 k 个时间片数据子块 $X_i(I \times J)$，$i = 1, 2 \cdots, k$。

步骤 2：计算核熵成分的第一个熵成分投影向量 $P_1(J \times J) = \begin{bmatrix} p_{1,1} & p_{1,2} \cdots p_{1,J} \end{bmatrix}$ 与第二个时间片熵成分投影向量 $P_2(J \times J) = \begin{bmatrix} p_{2,1} & p_{2,2} \cdots p_{2,J} \end{bmatrix}$ 之间的相似度 $D_{i,j}^p$，如满足 $D_{i,j}^p < \delta_p$（δ_p 的给定阈值为 0.5），将时间片 1 和时间片 2 归为时段 C_1，并计算负载向量 $P_1(J \times J)$ 和 $P_2(J \times J)$ 的均值负载向量 $\bar{P}^1 = \frac{1}{2} \sum_{k=1}^{2} P_k$。

步骤 3：计算时段 C_1 的均值熵成分投影 $\bar{P}^1$ 与第三个时间片熵成分投影向量 P_3 之间的相似度 $D_{C_1,3}^p$，若 $D_{C_1,3}^p < \delta_p$，将时间片 3 归属于时段 C_1，并重新计算均值熵成分投影 $\bar{P}^1 = \frac{1}{3} \sum_{k=1}^{3} P_k$，然后依次计算均值核熵成分的负载向量与其他时间片的相似度，直至第 k_{s1} 个为止，使得 $D_{C_1,3}^p \geq \delta_p$，之后重新计算 $\bar{P}^1 = \frac{1}{k_{s1}-1} \sum_{k=1}^{k_{s1}-1} P_k$，并将时间片 k_{s1} 归属于新的时段 C_2，再依次计算时段 C_2 的核熵均值负载矩阵与后面的核熵负载矩阵的相似度的值，当无法满足阈值公

式时，进入新时段 C_3，依次类推，直至完成所有时间片的阶段归属判断。

假定经过第一步时段划分后，所得时段记为阶段 C_1，阶段 C_2，$\cdots$，阶段 C_c。阶段 C_l（$l=1,2,\cdots,c$）所包含的时段为 $k_{sl-1} \sim k_{sc-1}$，$k_{s0}=1$，$k_{sc}=K+1$，该时段内的均值熵成分投影向量表示如下：

$$\overline{\boldsymbol{P}}^l = \frac{1}{k_{sl}-k_{s(l-1)}} \sum_{k=k_{s(l-1)}}^{k_{sl}-1} \boldsymbol{P}_k \tag{4-7}$$

由上时段划分后得到操作子时段，每个子时段均具有相近的核熵投影向量，而不同子时段将具有不同的核熵投影向量，当某一个子时段相对于其他时段所含样本数较少时，表示该子时段为过渡时段，再进行阶段划分[104]。

4.3　构建多阶段的监测模型

4.3.1　子阶段离线建模

完成稳定阶段与过渡阶段划分后，就可以有针对性地对各阶段建立能表征本阶段特性的监测模型。由于各子时段内变量间相关性具有很高的相似性，扩展核熵负载矩阵 $\hat{\boldsymbol{P}}_k$ 也相差不大，所以采用核熵均值负载矩阵 $\overline{\boldsymbol{P}}_s$ 作为当前子时段的负载矩阵，此举由于其计算量在建模时完成，在线监测时，只要判断当前数据的阶段归属后即可直接调用 $\overline{\boldsymbol{P}}_s$ 完成数据的映射，不用再单独计算，降低了模型的计算量。均值负载矩阵 $\overline{\boldsymbol{P}}_s$ 由各子时段内数据的负载矩阵求出：

$$\overline{\boldsymbol{P}}_s = \frac{\sum_{i=1}^{n_s} \boldsymbol{P}_i}{n_s} \tag{4-8}$$

式中，s 为时段编号；n_s 为属于子时段 s 的采样时刻个数。得到均值负载矩阵 $\overline{\boldsymbol{P}}_s$ 后就可以利用式（4-9）建立子时段 s 的 PCA 模型：

$$\begin{cases} \boldsymbol{T}_k = \boldsymbol{K}_k \bar{\boldsymbol{P}}_s \\ \bar{\boldsymbol{K}}_k = \boldsymbol{T}_k (\bar{\boldsymbol{P}}_s)^{\mathrm{T}} \\ \boldsymbol{E}_k = \boldsymbol{K}_k - \bar{\boldsymbol{K}}_k \end{cases} \qquad (4\text{-}9)$$

建立模型后，计算各子时段的 T^2 和 SPE 统计量所对应的控制限，得到控制限后就可以对新数据进行监测，T^2 和 SPE 控制限如下所示：

$$T_a^2 \sim \frac{a(I-1)}{(I-a)} F_{a,I-a,a}$$

$$\mathrm{SPE}_{k,a} = g_k \chi_{h_k}^2, g_k = \frac{v_k}{2m_k}, h_k = \frac{2m_k^2}{v_k} \qquad (4\text{-}10)$$

式中，a 是提取出的主元的个数；m_k 和 v_k 分别是建模数据 SPE 统计量的均值和方差。I 是批次个数，a 为显著性水平。

4.3.2 在线监测

在线监测的具体步骤如下：

（1）在新批次的采样时刻 k，对获得的变量数据 $x_{new,k}(1 \times J)$，利用建模时的核熵负载向量将其映射到高维核熵空间，得到高维的数据矩阵 $\boldsymbol{K}_{new,k}$，采用建模数据相应时刻的均值和标准差对其进行标准化，计算新时刻的核熵矩阵。

（2）根据采样时刻映射到高维核熵空间后，对其进行扩展，计算新时刻的核熵扩展负载矩阵与各阶段的距离，判定其阶段归属后，选择相应的稳定阶段或过渡阶段模型，采用所选模型计算当前时刻 $\boldsymbol{K}_{new,k}$ 的 T^2 和 SPE 统计量。

（3）判断监控统计量 $T_{new,k}^2$ 和 $\mathrm{SPE}_{new,k}$ 是否超出各自的控制限。如果发现统计量出现超出其控制限的现象，则说明生产过程中出现了异常，此时利用第 2 章的时刻贡献图方法进行故障变量追溯。

完整的多阶段 KECA 监测方法流程图如图 4-1 所示。该方法将三维历史数据按照时间片展开，将其映射到高维核熵空间进行阶段的粗划分，在粗划分阶段的基础上，将采样时间扩展到核熵负载矩阵中进行阶段的细划分，最终将生产过程划分为稳定阶段和过渡阶段，计算各阶段的监控统计量 T^2 和 SPE 的控制限，完成离线建模，将在线采集到的新时刻数据利用历史的核熵扩展负载矩阵将其映射到高维核熵空间，计算新时刻的监控统计量 $T_{new,k}^2$ 和 $\mathrm{SPE}_{new,k}$，判断其是否超出控制限，如果发现统计量超出监控控制限，则说明生产过程中出现了异常，利用时刻贡献图方法进行故障变量追溯。第 2 章的时刻贡献图是要计算整体生产周期的所有变量的贡献度，其计算量较大，而本章的分阶段时刻贡献图，计算其对应阶段内的时刻贡献度，这也是多阶段监测方法的优点，不仅可以快速发现故障，在进行故障诊断时还可以减少计算量，做到故障的快速定位。

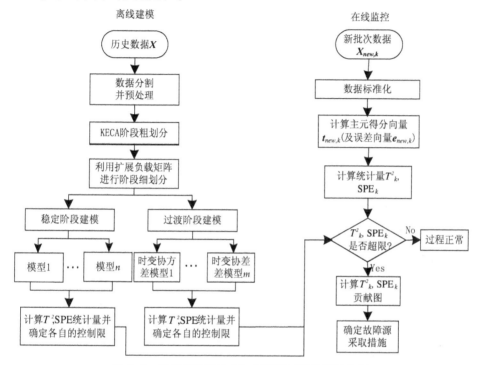

图 4-1　基于多阶段 KECA 模型的过程监测流程图

Fig. 4-1　Flow chart of multiphase KECA algorithm

4.4　算法验证

4.4.1　数值实例仿真

本节采用一个简单的数值实例来表明，由于生产批次间的轨迹不同步，以及阶段间存在着过渡现象，过渡过程的变量之间往往具有更强的动态非线性。这里实验的主要目的是证明下列观点：（1）基于阶段的过程数据是非线性的；（2）过渡阶段的数据特性比稳定阶段具有更强的非线性特性。

假设如下的数值过程有三个过程变量 x_1, x_2, x_3，分别按下式求取：

$$x_1 = t + e_1$$
$$x_2 = 2(t - 1.1)^2 + e_2$$
$$x_3 = \begin{cases} \exp(t) + e_3 & t < 0.5 \\ 5 \times \exp(-2t) + e_3 & t \geqslant 0.5 \end{cases} \tag{4-11}$$

其中，$t \in [0.01, 2]$，e_1、e_2、e_3 为白噪声，服从 $N(0, 0.01^2)$ 的正态分布。图 4-2 所示为 3 个过程变量在采样序列 t 定义域范围内的变化曲线。由图可知，本例中的非线性过程可以比较明显地划分为 3 个分段近似的线性过程。此外，从图中可以看出变量 x_2 在转折点 $(t = 1.1)$ 附近具有明显的平滑过渡特性。设采样间隔为 0.01，则每个批次可生成 200×3 的数据矩阵，为模拟实际间歇过程的特性，实现各批次阶段的不等长，对 x_2 和 x_3 采用平移或伸缩等方法，使 x_2 的转折点 $(t = 1.1)$ 随机落入到 1.0 到 1.2 之间，使 x_3 的转折点 $(t = 0.5)$ 随机落入到 0.4 到 0.6 之间，共产生 20 个批次数据。对 20 个批次数据提取平均轨迹，将数值过程划分为稳定阶段（0~0.4），（0.6~1），（1.2~2）和过渡阶段（0.4~0.6），（1.0~1.2）。之后对各阶段变量之间的相关关系进行分析，图 4-3（a）所示为变量在稳定阶段 1 内的关系图，如果两者满足线性关系时其对应为直线，红线代表变量 x_2 和 x_1 之间的关系，蓝线代表变量 x_2 和 x_3 之间的关系，由图可知，在稳定阶段 1 内 x_2 和 x_1 不满足线性关系，x_2 和 x_3 也不满足线性关系。图 4-3（b）代表变量在稳定阶段 2 内的关系图，由图中的关系曲线可以看出，在稳定阶段 1 内 x_2 和 x_1 不满足线性关系，x_2 和 x_3 也不满足线性关系。图 4-3（c）和图 4-3（d）分别代表变量在过渡阶段 1 和过渡阶段 2 内之间的关系，由图可知，x_3 和 x_2 之间、x_3 和 x_1 之间具有强烈的非线性关系。

综上可以进行如下分析，在稳定阶段各变量之间表现出非线性关系，而在过渡阶段则表现出较强的非线性关系，其中 x 轴（或 y 轴）代表过程变量（x_1，x_2 和 x_3）在相应阶段内的取值，由此可知，采用线性 PCA 方法对过渡阶段建立统计模型显然是不合适的。

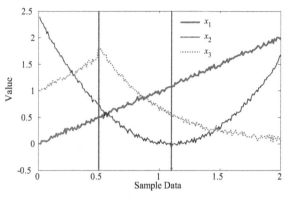

图 4-2　过程变量变化曲线图

Fig. 4-2　Trajectories of three process variables from a batch run

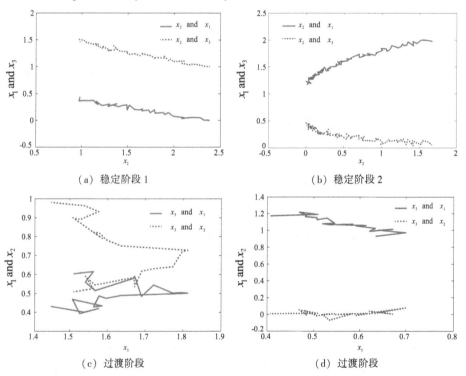

（a）稳定阶段 1　　　　　　　　　　（b）稳定阶段 2

（c）过渡阶段　　　　　　　　　　　（d）过渡阶段

图 4-3　各阶段过程变量相关关系曲线

Fig. 4-3　Correlation of process variables in different phases and transitions

4.4.2　青霉素仿真验证

在本节中我们仍然采用第 2 章中介绍的青霉素发酵仿真平台 pensim

2.0 作为算法的仿真测试平台，这里实验的主要目的是证明下列观点：
（1）基于阶段的过程数据是非线性、高斯性、多阶段性共存的，不是单一存在的；（2）基于阶段建立的监测模型具备有效的故障监测能力；（3）基于阶段建立的监测模型有利于间歇过程故障的诊断。对本章提出的监测策略进行全面的测试，青霉素发酵每个批次的反应时间为 400 h，采样间隔为 1 h，选取 10 个过程变量（温度、空气流量、灌压、pH 值、补氮量、补碳量、产生热量、冷却水量、搅拌功率、底物流速率）进行监测。为了使训练样本数据可靠，同时假定训练样本数据足够多，本书共生产了 100 批正常批次数据作为模型的参考数据库，建立监测模型的三维数据为 X（$100 \times 10 \times 400$），通过 KECA 数据转换后[104]，在高维空间按照本章的阶段划分方法对间歇过程进行阶段划分，最终将青霉素发酵过程划分为 5 个子阶段，其中 1~44 h、92~152 h、298~400 h 为稳定阶段；45~91 h、152~297 h 为过渡阶段，为了验证本章监测算法的有效性，与 MKPCA 和分阶段的 MKPCA 算法进行了比较，本小节实验的核参数统一选为 200，传统 MKPCA 为参考文献［54-57］的方法，分阶段 MKPCA 为参考文献［79，80］的方法。故障类型见表 4-1，监测效果见表 4-2，由于篇幅的限制，在这里只给出故障 1 和故障 2 的监测效果图及故障诊断图。本章方法与 MKPCA 方法和 sub-MKPCA 方法进行了比较，其中 MKPCA 采用累计方差贡献率方法确定主元的数目为 17；sub-MKPCA 中，3 个稳定阶段的 PCA 建模分别采用交叉检验方法确定主元数目为 14、13、16，2 个过渡阶段的 KPCA 建模分别采用累计方差贡献率方法确定主元的数目为 25 和 27；sub-MKECA 中 3 个稳定阶段的 PCA 建模分别采用交叉检验方法确定主元数目为 6、8、6，2 个过渡 sub-MKECA 建模分别采用累计核熵贡献率方法确定主元的数目分别为 10 和 12。

4.4.3 监测结果与讨论

表 4-2 给出了 3 种方法的监测性能比较，可以看出，本章提出的方法对于各类故障的检测均是有效的，且在 3 种方法中误警率（Ⅰ型误差率）最低，表明本章方法在一定程度上可提升监测过程的可靠性。对于故障批次，本章方法能够在较小的漏检率（Ⅱ型误差率）下，实现故障的快速、准确检测。另外，在一些故障的检测中，MKPCA 和 sub-MKPCA 方法的漏报率较高。分析原因可知，对于其中的一些故障，MKPCA 和 sub-MKPCA 方法的 T^2 图中没有检测到任何异常，且在 SPE 图中的漏报率也明显高于本书方法。图 4-4 给

出了对故障类型 1 的批次监测效果，故障是斜率为 1.2% 的斜坡扰动，200 h 引入直至反应结束。在通常情况下，搅拌功率是影响溶氧浓度的主要因素，搅拌功率的下降，会导致培养基中溶氧浓度的下降，从而导致菌体生长速度的减慢，最终降低青霉素生产率。由图 4-4 可知，本书方法在 200 h，也就是几乎在故障发生的同时就检测到了异常情况的发生，比传统 MKPCA 和 sub-MKPCA 方法分别提前了大约 20 h 和 14 h。在 T^2 监测图中，sub-MKPCA 方法对故障的检测比本章方法滞后了大约 62 h，而 MKPCA 方法的 T^2 图，比本章方法滞后了大约 136 h。分析可知，实验中的故障恰好发生在过渡阶段 2 内，由于 sub-MKPCA 将模式硬性划分为不同的子阶段，割裂了相邻过程阶段的联系，不能反映过渡阶段的特征，因此不能及时有效地检测出在过渡过程中发生的故障，存在较大的滞后性，有些甚至被过渡阶段变量相关关系的变化所掩盖，认为此故障导致的过程变量相关关系的变化是由于阶段过渡引起的；而 MKPCA 方法将完整批次数据作为一个整体来处理，不能准确地描述过程所有阶段的特性；又或者是其用一个监测模型来表征整个操作范围，导致监测限过于宽松。可见，基于整体建模思想的 MKPCA 方法在针对多阶段生产过程的监测时已经不再适用。综上所述，间歇生产过程过渡阶段的过程变量之间相关特性的变动对监测结果有较大影响，为了保证间歇生产的安全及产品质量，必须加以考虑。

监测出故障后，利用时刻贡献图方法进行故障诊断和故障变量追溯。以故障 1 为例，其故障由变量 1 引起，各过程变量对于两个统计量的贡献如图 4-5 所示，对于 MKECA 的 SPE 统计量来说，它准确地识别出了变量 1 对于该统计指标的异常变化，但对于 T^2 统计量来说，从图中可知，除了变量 1 之外，变量 5、6、7 对于 T^2 统计量在不同的时刻显示了一定程度的贡献，表明它们有可能是故障变量，但从整体趋势来看，变量 1 在整个周期内的贡献最显著，这也是时刻贡献图优于传统贡献图的地方，它是依据整体周期趋势，避免在个别时刻某一变量对统计量的贡献显著，而错误地认为是故障的情况。另外图 4-5（b）是阶段故障诊断时刻贡献图，它的优势在于可以简化计算量，在固定阶段内定位故障源，其与整体贡献图是一样的，但区别在于计算量上。这在生产过程中是非常有必要的，能越早定位故障源，就能越早正确处理故障，降低故障对生产质量的影响。在检测到故障后需要对故障进行故障变量追溯，图 4-5 为采用时刻贡献图法得到的稳定阶段 3 的统计量时刻贡献图，从图中可以看到，T^2 和 SPE 监测统计量给出了相同的诊断结果，即故障是由变量 2 的异常引起的。测试发现，基于核函数的分阶段贡献图需耗时 1min 左右，完全能满足一般工业过程的故障诊断的实时性要求，而整体贡献图计算时间则需要大约 12min。图 4-6 为对故障类型 2 的批次进行监测的结果。该故障批次为通风速率在 100 h 加入阶跃扰动，使补料速率下降 15%，直到反应结束。由图可知，本章方法在 100 h 检出故障，比传统 MKPCA 方法提前了 27 h，比 sub-MKPCA 方法提前了 12 h。在 sub-MKPCA 方法的 T^2 图中，123 h 才超出控制限，滞后故障发生 23 h。此外，在发酵开始阶段，MKPCA 和 sub-MKPCA 方法的 SPE 图存在一些误报警现象。这都充分表明了基于 sub-MKECA 的多阶段监测模型无论是在准确度还是在鲁棒性方面，监测性能均优于传统 MKPCA 和 sub-MKPCA 方法。其他类型故障参见表 4-2。

监测出故障后，利用时刻贡献图诊断故障原因。以故障 1 为例，其故障由变量 1 引起，各过程变量对于两个统计量的贡献如图 4-7 所示。对于 sub-MKECA 的 SPE 统计量来说，它准确地识别出了变量 1 对于该统计指标的异常变化，但对于 T^2 统计量来说，从图 4-7 可知，除了变量 1 之外，变量 4 和 7 对于 T^2 统计量在不同的时刻显示了一定程度的贡献，表明它们有可能是故障变量，但从整体趋势来看，变量 1 在整个周期内的贡献最显著，这也是时刻贡献图优于传统贡献图的地方，它依据整体周期趋势，避免在个别时刻某一变量对统计量的贡献显著，而错误地认为是故障的情况。另外图 4-7（b）是阶段故障诊断时刻贡献图，它的优势在于可以简化计算量，在固定阶段内定位故障源，其与整体贡献图是一样的，但区别在于计算量上。这在生产过程中是非常有必要的，能越早定位故障源，就能越早正确处理故障，降低故障对生产质量的影响。为了实现故障检测后的隔离与诊断，采用时刻贡献图方法得到如图 4-7（b）所示的过渡阶段 2 的统计量贡献图，T^2 和 SPE 均指明了过程故障是由于变量 1 即通风速率的异常所导致的。通过测试发现，基于核函数的分阶段贡献图计算时间需 2min 左右，完全能满足一般工业过程的故障诊断的实时性要求，而整体贡献图计算时间则需要大约 15min，其他故障识别结果见表 4-3，基于阶段时刻贡献图方法可以准确识别故障源。

表 4-1　仿真中用到的故障类型总结

Table 4-1　Summary of fault types introduced in process

故障编号	过程变量	故障类型	故障发生时间/h
故障 1	底物补料速率	斜坡扰动	200~400
故障 2	搅拌功率	阶跃扰动	100~400
故障 3	通风率	阶跃扰动	150~400
故障 4	底物补料速率	阶跃扰动	200~400
故障 5	搅拌功率	斜坡扰动	50~400
故障 6	通风率	斜坡扰动	150~400

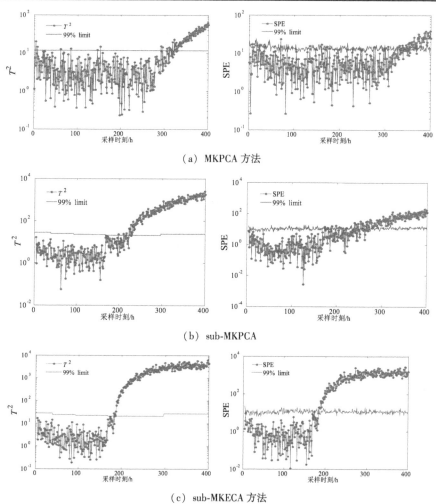

（a）MKPCA 方法

（b）sub-MKPCA

（c）sub-MKECA 方法

图 4-4　采用 MKPCA、sub-MKPCA 和本章方法监测测试批次 1 的结果

Fig. 4-4　Monitoring results using MKPCA，

sub-MKPCA and the proposed method for test batch 1

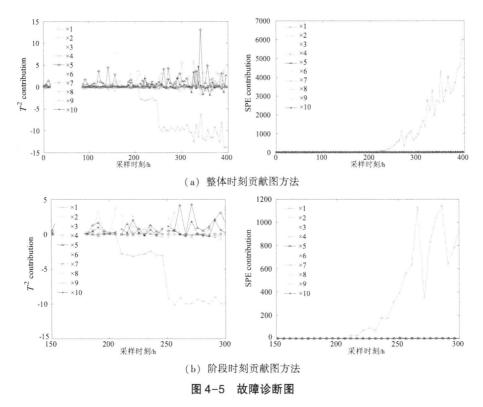

（a）整体时刻贡献图方法

（b）阶段时刻贡献图方法

图 4-5 故障诊断图

Fig. 4-5 Fault diagnosis（a）the contribution of the overall time diagram method
（b）the contribution of the phase time diagram method

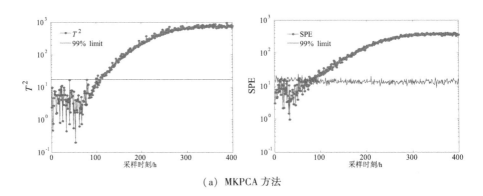

（a）MKPCA 方法

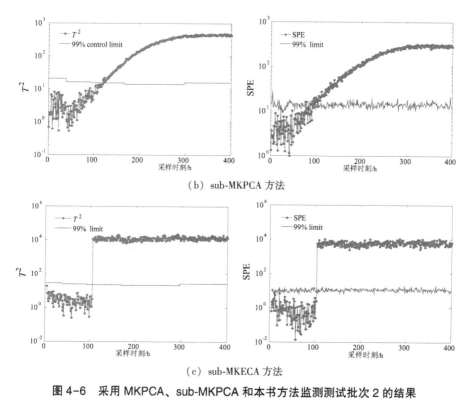

（b）sub-MKPCA 方法

（c）sub-MKECA 方法

图 4-6　采用 MKPCA、sub-MKPCA 和本书方法监测测试批次 2 的结果

Fig. 4-6　Monitoring results using MKPCA，sub-MKPCA and the proposed method for test batch 2

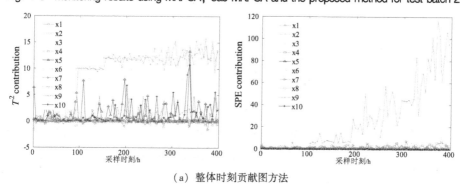

（a）整体时刻贡献图方法

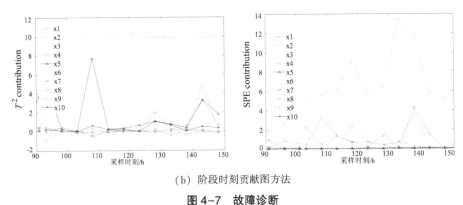

（b）阶段时刻贡献图方法

图 4-7　故障诊断

Fig. 4-7　Fault diagnosis （a） the contribution of the overall time diagram method

（b） the contribution of the phase time diagram method

表 4-2　采用 MKPCA、sub-MKPCA 和 sub-MKECA 监测结果比较

Table 4-2　Summary of monitoring results for MKPCA，sub-MKPCA and sub-MKECA

工况	Ⅰ型误差率（%）			Ⅱ型误差率（%）		
	MKPCA	sub-MKPCA	sub-MKECA	MKPCA	sub-MKPCA	sub-MKECA
故障 1	22	9	0	82	48	0.6
故障 2	5.71	12	1.67	7	5	0
故障 3	7.71	14	0.2	12.33	3	0.78
故障 4	3.84	5	1	42.4	20.7	4
故障 5	3.13	6	1	37.9	12	2
故障 6	3.25	7	0.75	51.25	44.2	4.5

表 4-3　时刻贡献图识别故障变量结果

Table 4-3　Time contribution of pattern recognition fault variable results

序　号	时刻贡献图是否识别故障源
故障 1	是
故障 2	是
故障 3	是
故障 4	是
故障 5	是
故障 6	是

　　综上所述，本章提出的方法能较好地揭示过程变量相关关系的变化，客观反映各阶段及过渡过程特征的多样性和独特性。由于各阶段之间体现出明显的差异性，反映在过程变量上就是各阶段之间过程变量的均值和方差具有明显的差异，这种差异性就要求所建立的监控模型必须可以准确描述各阶段的特征，本章所用的分阶段建模的思想正好满足这种要求，可以有效地减少系统的误警率和漏报率，尤其当故障发生在过渡阶段内，体现出较高的故障识别率。

4.5　本章小结

　　多阶段间歇过程的故障监测是多元统计过程监测的难点问题，不仅需要考虑稳定模态下的过程监测，而且需要考虑具有很强动态非线性的过渡模态。由于不同操作模态下数据具有不同的相关性，所以需要对每个过程模态建立不同的监测模型，尤其是稳定模态间的过渡过程，其最大的特点就是变量的动态特性。在过渡阶段使用时变协方差代替固定协方差可以更好地反映这一特性。本章提出了一种同时应用于间歇过程子阶段划分和过程监测的新策略，该方法首先把三维数据矩阵按照时间片展开策略展开为新的二维数据；其次根据各时间片的数据进行 KECA 数据转换，然后依据核熵的大小对生产过程进行阶段划分，将生产操作过程划分为稳定阶段和过渡阶段，并分别建立监测模型对生产过程进行监测；最后，青霉素发酵仿真平台的应用表明，采用 sub-MKECA 阶段划分结果能很好地反映间歇过程的机理，并且对于多模态过程的故障监测表明其可以及时、准确地发现故障，具有较高的实用价值。

第 5 章　间歇过程子阶段非高斯监测方法研究

5.1　引言

　　多阶段、非线性、非高斯性是间歇过程的固有特征，本章结合第 3 章与第 4 章的研究内容，提出了基于子阶段的间歇过程监测方法，按照第 4 章阶段划分的结果，分别建立各个生产过程子阶段的 KEICA 模型，通过构建高阶累积统计量 HS 和 HE 进行间歇过程的故障监测，并分别与传统 MKICA 和第 3 章 MKEICA 进行对比，验证本章方法的有效性。第 3 章的 MKEICA 是利用 KECA 进行白化，其与 KPCA 白化最大的不同就是在进行白化矩阵的特征选取时依据核熵值的大小，KPCA 是按照前 n 个较大的特征值进行特征提取的。经过 KECA 白化后得分矩阵不仅可以去除数据之间的相关性，还能够保证数据与原点的角结构信息一致，即保证原始数据的簇结构信息不变[105]。但是其建立间歇过程监测模型的思想是整体建模，利用的是统一的核熵主成分和独立主元。间歇过程正如绪论和第 4 章所述，具有多个操作稳定阶段和多个操作过渡阶段，当生产过程运行于不同的阶段时，正常生产过程数据的均值、方差、相关性等特征会发生明显的变化，如按照整体建模的思想去构建监测模型，势必造成所建立的模型不能很好地描述生产过程的所有操作阶段，往往体现为所建立的整体模型只能很好地描述某几个生产阶段；或者其所构建的整体控制限过宽，具有较高的故障误报警率和漏报警率[23,36-38,77-80,102]。关于子阶段建模在绪论和第 4 章进行了详细论述，在这里不再进行论述，仅就子阶段 ICA 在间歇生产过程的监测应用方面进行阐述。2008 年 Zhao 等人[106,107]提出的针对不同阶段建立局部 ICA 模型进行过程监测，由于其较好地捕获不同阶段的非高斯特性而取得了不错的效果，通过 sub-ICA 的成功应用，也验证了间歇过程存在多阶段的非高斯特性，针对各个阶段建立非高斯监测模型可以提高模型的监测精度；同年 Ge 等人[108]验证了上述观点。但是上述方法在进行在线监测时仅利用时刻判定当前数据的阶段归属，会造成数据阶段的错误划分。为此，2013 年 Yu[109]等人提出了基于后验概率的混合 MICA 模型用于多阶段间歇过程的监测，利用后验概率判定当前数据的阶段归属后再投影到与其对应的监测模型内进行监测。但是上述基于阶段的 ICA 监测模型属于线性模型，在监测非线性过程时会造成大量的错误报警[71,91,93,94]。为此基于子阶段的 MKEICA 监测成为必然选择，同时间歇过程是动态过程，这里与第 3 章的监测方法相比主要有两个方面的改进：1）考虑到间歇过程分阶段的特性，将整体监测模型和整体监测控制限进行分段，建立多阶段监测模型和多阶段监测控制限；2）考虑到间歇过程的动态特性用时变协方差取代固定的协方差，具体改进如图 5-1 所示。与第 4 章的不同主要体现在，第 4 章主要解决的是过程的多阶段、非线性和高斯特性共存的状况，所建立的分阶段监测模型及监测统计量使用的是低阶统计信息，未考虑过程数据的高阶统计信息，相当于做了过程数据是高斯分布的假设，因为高斯特性在二阶以上的统计量的统计信息为零。这也是基于 PCA 监测模型的假设条件[2]，但是当过程数据具有非高斯性时基于 PCA 的方法则无能为力。

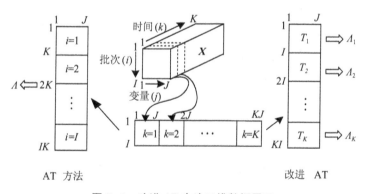

图 5-1　改进 AT 方法三维数据展开

Fig. 5-1　Unfolding of a three-way array by improving AT method

根据上述分析，本章提出了基于子阶段高阶累计统计量的间歇过程建模和在线监测算法。该方法充分考虑间歇过程数据具有的非线性、非高斯性和多阶段等特性，首先利用 MKECA 将原始数据映射到高维核熵空间解决数据的非线性特性，然后在高维核熵空间对数据进行阶段划分，解决间歇过程多阶段的特性。在每一个阶段内建立 ICA 监测模型并将高维核熵空间的数据分解为独立元空间和残差空间，然后在两个子空间分别构造高阶累计量的监测统计量 HS_c 和 HE_c，其中 C 代表阶段数，用于在线监测，其每一个子阶段对应的监测控制限由核密度估计 HS_c 和 HE_c 得出。

5.2 基于多阶段 KEICA 的间歇过程监测

首先对间歇生产过程的时刻数据 $X_k(I \times J)(k=1,2,\cdots,K)$ 进行预处理，通过一个非线性函数 $\Phi(\cdot)$ 映射到高维特征空间得到时间片的协方差矩阵：

$$R_k = \frac{1}{I} \tilde{\Phi}(X_k)^{\mathrm{T}} \tilde{\Phi}(X_k) \tag{5-1}$$

这里 $\tilde{\Phi}(X_k)$ 是由 $\Phi(X_k)$ 均值中心化后得到的。对 R_k 进行特征分解得到：

$$\lambda_j v_j = R_k v_j = \frac{1}{I} \tilde{\Phi}(X_k)^{\mathrm{T}} \tilde{\Phi}(X_k) \cdot v_j \tag{5-2}$$

其中 $\lambda_j, v_j \in R^h$ 分别是 R_k 的非零特征值和对应特征向量，分别代表着 R_k 的方差信息和分布方向。由于非线性映射函数 $\Phi(\cdot)$ 未知，导致 R_k 的分布信息未知，在这里利用 $I \times I$ 的核矩阵 $K_k = \tilde{\Phi}(X_k)\tilde{\Phi}(X_k)^{\mathrm{T}}$ 进行替换，将 K_k 进行数据中心化，具体形式定义如下：

$$\tilde{K}_k = K_k - L_I K_k - K_k L_I + L_N K_k L_I \tag{5-3}$$

这里 $L_I = \dfrac{1}{I}\begin{bmatrix} 1 & \cdots & 1 \\ \vdots & & \vdots \\ 1 & \cdots & 1 \end{bmatrix}$。$\tilde{K}_k$ 定义的特征值的解决方案为

$$\xi_j a_j = \tilde{K}_k a_j = \tilde{\Phi}(X_k)\tilde{\Phi}(X_k)^{\mathrm{T}} a_j \tag{5-4}$$

两边同时左乘 $\tilde{\Phi}(X_k)^{\mathrm{T}}$ 得：

$$\xi_j \tilde{\Phi}(X_k)^{\mathrm{T}} a_j = \tilde{\Phi}(X_k)^{\mathrm{T}} \tilde{\Phi}(X_k)\tilde{\Phi}(X_k)^{\mathrm{T}} a_j \tag{5-5}$$

同时考虑正常的约束，对比式（5-5）与式（5-2）可以很容易地导出，具体形式如下：

$$v_j = \frac{\tilde{\Phi}(X_k)^{\mathrm{T}} a_j}{\sqrt{\xi_j}} \tag{5-6}$$

其中 $\lambda_j = \xi_j/I$。由以上分析的相关性可知，$\tilde{K}_k$ 可以包含原有 R_k 过程分布的相关信息。为了解决式（5-1）的特征值计算问题，基于 Mercer 理论利用核技巧 $k_{ij} = \Phi(x_i)\Phi(x_j)^{\mathrm{T}} = k(x_i, x_j)$ 代替复杂的点击运算。核函数作为聚类过程的基本单元，将过程正确划分为不同的非线性阶段。划分过程可以参考第 4

章内容及相关参考文献。

5.2.1　离线建模

依据时间片利用 KECA 进行白化处理后得到阶段白化矩阵 $\boldsymbol{Z}_k$，对 $\tilde{\boldsymbol{K}}_k$ 进行特征分解得到对应的特征向量矩阵，具体形式如下：

$$V_k = (\boldsymbol{a}_1, \boldsymbol{a}_2, \cdots, \boldsymbol{a}_u) = \tilde{\boldsymbol{\Phi}}(\boldsymbol{X}_k)^{\mathrm{T}} \boldsymbol{H}_k \boldsymbol{\Lambda}_k^{-1/2} \tag{5-7}$$

这里 $\boldsymbol{\Lambda}_k = \mathrm{diag}(\xi_1, \xi_1, \cdots, \xi_u)$，$\boldsymbol{H}_k = [\boldsymbol{a}_1, \boldsymbol{a}_2, \cdots, \boldsymbol{a}_u]$ 分别是 $\tilde{\boldsymbol{K}}_k$ 的特征向量和特征值。$\boldsymbol{V}_k = [\boldsymbol{v}_1, \boldsymbol{v}_2, \cdots, \boldsymbol{v}_u]$ 是 $\boldsymbol{R}_k$ 的特征向量，并且 $\boldsymbol{V}_k \boldsymbol{V}_k^{\mathrm{T}} = \boldsymbol{L}_{pc}$，$\boldsymbol{L}_{pc}$ 为单位向量。根据核熵值来确定 u，准则如下[104,105]：

$$\sum_{i=1}^{d} \hat{V}(p)_i \bigg/ \sum_{i=1}^{n} \hat{V}(p)_i \times 100\% \geqslant 85\% \tag{5-8}$$

用式（5-6）、式（5-8）计算第 C 个阶段的时间片矩阵的白化得分矩阵，具体形式如下：

$$\boldsymbol{Q}_k = V_k \left(\frac{1}{I} \boldsymbol{\Lambda}_k\right)^{-1/2} = \sqrt{I} \tilde{\boldsymbol{\Phi}}(\boldsymbol{X}_k)^{\mathrm{T}} \boldsymbol{H}_k \boldsymbol{\Lambda}_k^{-1} \tag{5-9}$$

$$\boldsymbol{Q}_k^{\mathrm{T}} \boldsymbol{Q}_k = V_k \left(\frac{1}{I} \boldsymbol{\Lambda}_k\right)^{-1/2} V_k^{\mathrm{T}} V_k \left(\frac{1}{I} \boldsymbol{\Lambda}_k\right)^{-1/2} = \left(\frac{1}{I} \boldsymbol{\Lambda}_k\right)^{-1/2} \left(\frac{1}{I} \boldsymbol{\Lambda}_k\right)^{-1/2} = I \boldsymbol{\Lambda}_k^{-1} \tag{5-10}$$

在特征空间使用时间片白化矩阵完成数据的转换，其实质就是得到 KECA 的得分矩阵：

$$\boldsymbol{Z}_k = \tilde{\boldsymbol{\Phi}}(\boldsymbol{X}_k) V_k = \tilde{\boldsymbol{\Phi}}(\boldsymbol{X}_k)^{\mathrm{T}} \tilde{\boldsymbol{\Phi}}(\boldsymbol{X}_k) \boldsymbol{H}_k \boldsymbol{\Lambda}_k^{-1/2} = \tilde{\boldsymbol{K}}_k \boldsymbol{H}_k \boldsymbol{\Lambda}_k^{-1/2} \tag{5-11}$$

进行归一化：

$$\tilde{\boldsymbol{Z}}_k = \tilde{\boldsymbol{\Phi}}(\boldsymbol{X}_k) \boldsymbol{Q}_k = \tilde{\boldsymbol{\Phi}}(\boldsymbol{X}_k) V_k \left(\frac{1}{I} \boldsymbol{\Lambda}_k\right)^{-1/2} = \boldsymbol{Z}_k \left(\frac{1}{I} \boldsymbol{\Lambda}_k\right)^{-1/2} = \sqrt{I} \tilde{\boldsymbol{K}}_k \boldsymbol{H}_k \boldsymbol{\Lambda}_k^{-1} \tag{5-12}$$

以上方法是将所有时间片数据完成核空间的数据转换，每一个时段代表一个核空间单元，$\boldsymbol{Z}_c (IK_c \times p_c)$，这里的 $\boldsymbol{K}_c$ 对应 c 个阶段的所有数据。同一时段内的时间片白化得分 $\tilde{\boldsymbol{Z}}_k$ 相同。利用改进 ICA 算法，针对各时段的数据单元 $\boldsymbol{X}_c (K_c I \times J)$ 提取子时段 ICA 监测模型的子时段分离矩阵 $\boldsymbol{W}_c (d_c \times p_c)$ 和混合矩阵 $\boldsymbol{A}_c (p_c \times d_c)$，这里 d_c 是在第 c 个阶段内所保留的独立元个数，具体实现见第 2 章。$\boldsymbol{W}_c \boldsymbol{A}_c = \boldsymbol{I}_{dc}$，其中 $\boldsymbol{I}_{dc}$ 是单位矩阵，具体形式如下：

$$\boldsymbol{S}_c = \tilde{\boldsymbol{Z}}_c \boldsymbol{W}_c^{\mathrm{T}} \tag{5-13}$$

$$\boldsymbol{e}_c = \tilde{\boldsymbol{Z}}_c - \boldsymbol{S}_c \boldsymbol{A}_c^{\mathrm{T}} \tag{5-14}$$

这里的 S_c ($IK_c \times d_c$) 是从核空间 $\tilde{Z}_c$ ($IK_c \times p_c$) 提取的第 c 个阶段的独立成分，$e_c \check{Z}_c$ 是从核空间 $\tilde{Z}_c$ ($IK_c \times p_c$) 提取独立成分后的残差。

5.2.1.1 传统监测统计量和控制限的构建

定义的 MKEICA 监测系统中的第 k 个采样的 I^2 统计量计算如下：

$$I_{i,k}^2 = (s_{i,k} - \bar{s}_k)^{\mathrm{T}} O_k^{-1} (s_{i,k} - \bar{s}_k) = s_{i,k}^{\mathrm{T}} s_{i,k} \tag{5-15}$$

定义的 MKEICA 监测系统中的第 k 个采样的 SPE 统计量计算如下：

$$
\begin{aligned}
\mathrm{SPE}_{i,k} &= e^{\mathrm{T}} e = \left[\tilde{\Phi}(x_{i,k}) - \check{\Phi}(x_{i,k}) \right]^{\mathrm{T}} \left[\tilde{\Phi}(x_{i,k}) - \check{\Phi}(x_{i,k}) \right] \\
&= \left[\tilde{\Phi}(x_{i,k}) - \check{z}_{i,k}^{\mathrm{T}} V_k^{\mathrm{T}} \right] \left[\tilde{\Phi}(x_{i,k}) - V_k \check{z}_{i,k} \right] \\
&= \tilde{k}(x_{i,k}, x_{i,k}) - 2\tilde{\Phi}(x_{i,k})^{\mathrm{T}} V_k \check{z}_{i,k} + \check{z}_{i,k}^{\mathrm{T}} V_k^{\mathrm{T}} V_k \check{z}_{i,k} \\
&= \tilde{k}(x_{i,k}, x_{i,k}) - 2z_{i,k}^{\mathrm{T}} \check{z}_{i,k} + \check{z}_{i,k}^{\mathrm{T}} \check{z}_{i,k}
\end{aligned}
\tag{5-16}
$$

这里 $s_{i,k}$ ($d_c \times 1$) 是独立主元的向量，表示在批次 k 时刻的第 i 个模型，$\bar{s}_k$ ($d_c \times 1$) 是时间片的第 k 时刻的均值向量，通常情况下是零向量。O_k ($d_c \times d_c$) 是 S_k 的时间片协方差矩阵，在这里 O_k 是单位矩阵，两者控制限由核密度估计得出。

对于一个新的待监测测量向量 x_{new}，其对应的核向量为

$$K_{new} = \left[k(x_1, x_{new}), k(x_2, x_{new}), \cdots, k(x_I, x_{new}) \right] \tag{5-17}$$

需要中心化和去量纲化：

$$\tilde{K}_{new} = K_{new} - L_{new} \tilde{K} - K_{new} L_{new} + L_{new} \tilde{K} L_n \tag{5-18}$$

其中 $L_{new} = \dfrac{1}{I}[1, \cdots, 1]_I$。则新的 PCA 得分为

$$Z_{knew} = \tilde{K}_{knew} H_k \Lambda_k^{-1/2} \tag{5-19}$$

新的白化得分为

$$\tilde{Z}_{knew} = \sqrt{I} \tilde{K}_{knew} H_k \Lambda_k^{-1} \tag{5-20}$$

对 $\bar{z}$ 进行 ICA 算法，得到用于过程监测的统计量如下式所示

$$s_{knew} = W_c \tilde{Z}_{knew} \tag{5-21}$$

$$e_{knew} = \tilde{Z}_{knew} - s_{knew} A_c^{\mathrm{T}} \tag{5-22}$$

$$I_{newk}^2 = s_{newk}^{\mathrm{T}} s_{newk} \tag{5-23}$$

$$
\begin{aligned}
_{newk} = e_{newk}^{\mathrm{T}} e_{newk} &= \left[\tilde{\boldsymbol{\Phi}}(x_{newk}) \; \breve{\boldsymbol{\Phi}}(x_{newk}) \right]^{\mathrm{T}} \left[\tilde{\boldsymbol{\Phi}}(x_{newk}) - \breve{\boldsymbol{\Phi}}(x_{newk}) \right] \\
&= \left[\tilde{\boldsymbol{\Phi}}(x_{newk}) - \breve{z}_{newk}^{\mathrm{T}} V_{k}^{\mathrm{T}} \right] \left[\tilde{\boldsymbol{\Phi}}(x_{newk}) - V_{k} \breve{z}_{newk} \right] \\
&= \tilde{k}(x_{newk}, x_{newk}) - 2\tilde{\boldsymbol{\Phi}}(x_{newk})^{\mathrm{T}} V_{k} \breve{z}_{newk} + \breve{z}_{newk}^{\mathrm{T}} V_{k}^{\mathrm{T}} V_{k} \breve{z}_{newk} \\
&= \tilde{k}(x_{newk}, x_{newk}) - 2z_{newk}^{\mathrm{T}} \breve{z}_{newk} + \breve{z}_{newk}^{\mathrm{T}} \breve{z}_{newk}
\end{aligned}
\tag{5-24}
$$

5.2.1.2　基于高阶累积量监测统计量和控制限的构建

在采样 i 处,第 m 个主导独立成分 s_m 的样本三阶累积量为

$$
hs_d(i) = s_d(i) s_d(i-1) s_d(i-2) = w_p \bar{K}(i) w_p \bar{K}(i-1) w_p \bar{K}(i-2) \tag{5-25}
$$

其中 w_{pm} 是解混矩阵 W_{pd} 的第 m 行, $m = 1, 2, \cdots, d$。HCA 的第一个监测指标定义为

$$
HS_p(i) = \sum_{p=1}^{d} \left| hs_{pm}(i) \right| \tag{5-26}
$$

在第 i 个采样点处,其非高斯模型对第 q 个变量的预测误差的样本三阶累积量的具体形式如下:

$$
he_q(i) = e_q(i) e_q(i-1) e_q(i-2) = I_q K(i) I_q K(i-1) I_q K(i-2) \tag{5-27}
$$

其中 l_q 是 L_p 的第 q 行, $q = 1, 2 \cdots, d$。为了监测所有预测误差的三阶累积量, HCA 的另一个监测指标定义为

$$
HE_p(i) = \sum_{q=1}^{m} \left| he_{pq}(i) \right| \tag{5-28}
$$

它们的监测控制限通过核密度估计求得, 分别定义为 HS_{limit} 和 HE_{limit}, 具体的计算流程参见参考文献 [17-23]。

5.2.2　在线监测

高阶累积量在线统计量的构建, 具体形式如下:

$$
hs_{new}(i) = s_{new}(i) s_{new}(i-1) s_{new}(i-2) = w_p \bar{K}_{new}(i) w_p \bar{K}_{new}(i-1) w_p \bar{K}_{new}(i-2) \tag{5-29}
$$

$$
HS_{new}(i) = \sum_{p=1}^{d} \left| hs_{new,p}(i) \right| \tag{5-30}
$$

$$
he_{new}(i) = e_{new}(i) e_{new}(i-1) e_{new}(i-2) = l_q K(i) l_q K(i-1) l_q K(i-2) \tag{5-31}
$$

$$
HE_{new}(i) = \sum_{q=1}^{m} \left| he_{new,q}(i) \right| \tag{5-32}
$$

整个基于子阶段的 sub-MKEICA 统计建模及在线实施算法如图 5-2 所示。

该方法首先利用本章的改进 AT 变量展开方法将三维历史数据展开为二维数据矩阵形式，然后再利用 KECA 对其进行白化处理，在白化得分矩阵里进行阶段划分，将生产过程划分为 C 个稳定阶段和 D 个过渡阶段，由于经 KECA 白化处理后的数据已经利用核技巧将其映射到高维核熵空间后变得线性可分，因此可以把线性 ICA 方法扩展到非线性领域，用 ICA 对稳定阶段和过渡阶段进行分解，分解为稳定阶段独立元空间和残差空间、过渡阶段独立元空间和残差空间。在两个子空间内分别构建三阶累积监测统计量 HS_n 和 HE_n，利用核密度估计两者的监测控制限，之后将控制限用于过程的在线监测，这里的下标 n 代表生产过程对应的操作阶段；将采集到的新时刻在线数据 $\boldsymbol{x}_{new}$ 进行标准化，将标准后的数据投影到核熵空间进行判断阶段归属后，用 ICA 将在线新时刻的核熵空间分解为在线独立元空间和在线残差空间，在两个在线独立元空间和在线残差空间内计算对应的监测统计量 HS_{new} 和 HE_{new}，判断其是否超出监测控制限。如果新时刻的统计量没有超出监测控制限，表明生产过程没有异常情况发生；如果新时刻的统计量任意一个或两个都超出了监测控制限，则可以判断此时的生产过程出现异常，需要对其进行故障变量追溯。针对传统 MKICA 监测方法所构建的监测统计量为二阶统计量的不足，提出了三阶累积量的监测统计量用于过程监测，旨在克服传统统计量在监测时存在较高误警和漏报的问题，改善故障监测的可靠性和灵敏度。由于各种各样的原因，实际间歇过程不可能完全地重复生产，每次过渡历经时间不等，在线过渡数据很有可能会与建模数据不等长。处理此类问题的常用方法是压缩或拉伸数据[23,36,44]，本小节给出一种简单的处理方法。

（1）当过渡过程具有子阶段指示变量时，可直接根据模态指示变量进行模态选择。

（2）当过渡过程没有子阶段指示变量时，从一进入过渡开始，首先调用第一个过渡子阶段模型进行监测，模型超限后，依次调用剩下的过渡子阶段监测模型以及过渡结束后的稳定阶段监测模型进行监测。如果对所有阶段模型的统计量均超出控制限，那么给出故障报警信号。

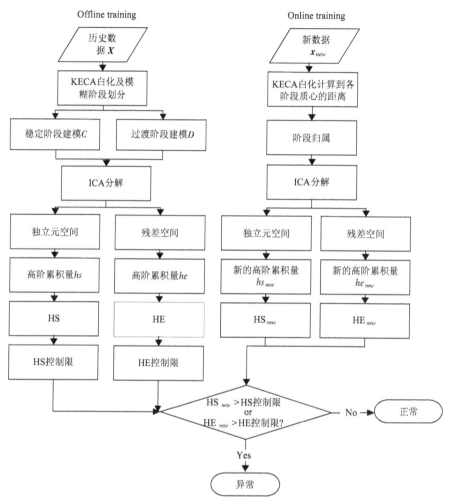

图 5-2　基于 sub-MKEICA 模型的过程监测流程图

Fig. 5-2　Flow chart of sub-MKEICA algorithm

5.3　算法验证

5.3.1　青霉素仿真平台应用

本节采用第 2 章介绍的青霉素发酵仿真平台 Pensim2.0[80]作为算法测试平台，对本章提出的监测策略进行全面的测试。这里仿真实验的主要目的是证明下列观点：（1）基于阶段的过程数据具有非高斯特性；（2）基于阶段建立的监测模型具备有效的故障监测能力；（3）基于高阶累积量建立阶段监测统计量具有准确的故障监测性能。本章思路来源于间歇生产过程数据分阶段、非高斯、非线性特性的考虑，引入子阶段局部建模的思想，建立子阶段 MKEICA 监测模型，同时引入高阶累计监测统计量用于过程故障的监测。

为此，本章首先验证各个子阶段数据的非高斯性。图 5–3～图 5–7 所示为阶段正态检验，正态分布的主要特征[110-113]如下：

（1）集中性：正态曲线的高峰位于正中央，即均数所在的位置。

（2）对称性：正态曲线以均数为中心，左右对称，曲线两端永远不与横轴相交。

（3）均匀变动性：正态曲线由均数所在处开始，分别向左右两侧逐渐均匀下降。

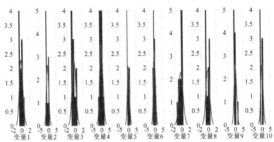

图 5-3　稳定阶段 1 内数据的正态检验

Fig. 5-3　Normality tests data within the stable period 1

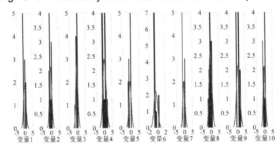

图 5-4　稳定阶段 2 内数据的正态检验

Fig. 5-4　Normality tests data within the stable period 2

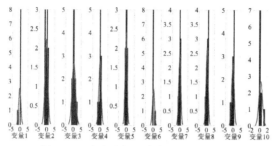

图 5-5　稳定阶段 2 内数据的正态检验

Fig. 5-5　Normality tests data within the stable period 3

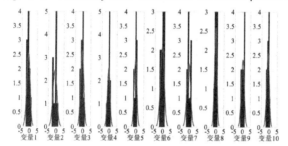

图 5-6　过渡阶段 1 内数据的正态检验

Fig. 5-6　Normality test data within the transition period 1

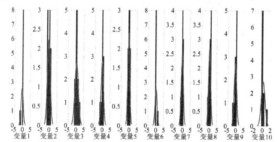

图 5-7　过渡阶段 2 内数据的正态检验

Fig. 5-7　Normality test data within the transition period 2

　　由以上各阶段的正态检验图可知，各变量基本上很难满足上述正态分布的特征，故过程具有非高斯特性。综上所述，如稳定阶段和过渡阶段的正态检验图所示，两种阶段内的数据都具有非高斯特性，同时为了验证模型的有效性，建模用的过程变量参照表 2-1，本章实验用的过程故障数据描述见表5-1。

表 5-1　仿真中用到的故障类型

Table 5-1　Fault types introduced in process

序号	变量名称	故障类型	幅度	时间/h
批次 1	搅拌功率	斜坡扰动	0.2%	200~400
批次 2	补料速率	阶跃扰动	15.0%	200~250

在验证非高斯性之后，对不同的运行状况进行了仿真验证，并在监测性能方面仍与 MKICA、MKEICA 方法进行了比较，其中 MKICA 和 MKEICA 方法采用填充当前值的方法对未来值进行估计。由于 MKICA 和 MKEICA 方法要求批次长度相同，因而在建模时将 50 个批次长度按照 DTW 的拉伸、收缩技术统一为 400h。采用负熵阈值的方法确定 MKICA 的独立元个数为 17，采用累计核熵贡献率方法确定 MKEICA 的独立元个数为 10，采用累计核熵贡献率方法确定 3 个稳定子阶段 MKEICA 的独立元个数分别为 9、10、9，2 个过渡阶段 MKEICA 的主元个数分别为 12 和 14。

首先引入表 5-1 中的第一种故障，针对搅拌功率，在 200h 处引入斜率为 0.002 的斜坡扰动，直到反映结束。由图 5-8（a）可知，在 MKICA 方法的 I^2 和 SPE 监测图中，监测独立元空间的 I^2 统计量和监测残差空间的 SPE 统计量在发酵开始阶段均出现超过 99% 控制限的误报现象，且误警率较高。图 5-8（b）为 MKEICA 方法的 HS 和 HE 监测图，图中显示，独立元空间的高阶累积监测统计量 HS 和残差空间的高阶累积监测统计量 HE 虽然在发酵开始阶段均出现超出控制限的误报警现象，但是就前 200h 正常阶段的误报率来看，MKEICA 方法的故障误报率要低于 MKICA 方法，其原因在第 3 章已经进行了详细分析，在这里只做简单介绍，具体分析参见第 3 章实验分析部分。MKEICA 与 MKICA 相比具有两方面的优势：其一是 MKEICA 利用 KECA 进行原始数据的白化处理，由于其考虑数据映射到高维空间后依据核熵值的大小进行特征提取，使得转换后的数据保持原始数据的聚类结构，而传统 MKICA 方法利用 KPCA 进行原始数据白化处理，并依据特征值的大小进行特征提取，忽略了数据的聚类特性；其二是 MKEICA 所用的监测统计量为高阶累计统计量，优于传统 MKICA 所用的二阶统计量。但是以上 MKICA 和 MKEICA 方法都是进行整体建模，这些方法均是将一个完整的间歇过程批次的所有过程数据当作一个整体建立统计模型，忽视了间歇生产中的多阶段局部过程行为特征，很难揭示间歇过程变量之间相关关系的变化，将其应用在过程故障的监测中会出现大量漏报警的情况，有些甚至失去监测性能。分析可知，基于 MKPCA 的监测方法和 MKEICA 的监测方法因其机理特性具有明显的特征，在微生物发酵的开始阶段内其监测性能不佳，存在较多的误报警现象。而基于多阶段的监测模型充分考虑生产过程的阶段特性，在每一个阶段内构造与其对应的监测统计量和监测控制限，能够更好地描述间歇生产过程的局部特征，这既不会出现模型针对过程描述不清的现象，也不会造成整体监测控制限过松的结果，可提高模型的监测精度，有效降低模型的误警率和漏报警率。本章方法的监测效果如图 5-8（c）所示，在 200h 之前的正常工况下没有超出监测控制限，同时其 HS 监测图在 206h 附近超出监测控制限，HE 监测图在 203h 附近超出监测控制限，可以及时发现故障。

引入表 5-1 中第二种故障，该故障批次为底物补料速率在 200~250h 加入阶跃扰动使补料速率下降 15%，直到反应结束。由图 5-9 可知，本章方法和 MKEICA 方法在 200h 检出故障，比传统 MKICA 方法提前了 2h，但是在发酵开始阶段，MKICA 和 MKEICA 方法仍然存在较多的误报警现象。以上两个仿真实例表明，基于 sub-MKEICA 的多阶段监测模型在准确度和鲁棒性方面均优于传统 MKICA 和 MKEICA 方法。综上所述，所提出的方法能较好地揭示过程变量相关关系的变化，客观反映各稳定阶段和各过渡阶段特征的多样性，有效地减少了系统的误警率和漏报率。

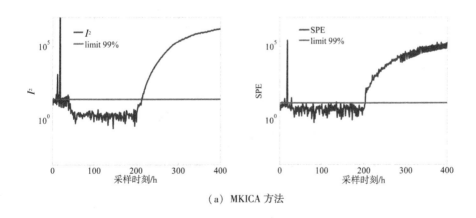

（a）MKICA 方法

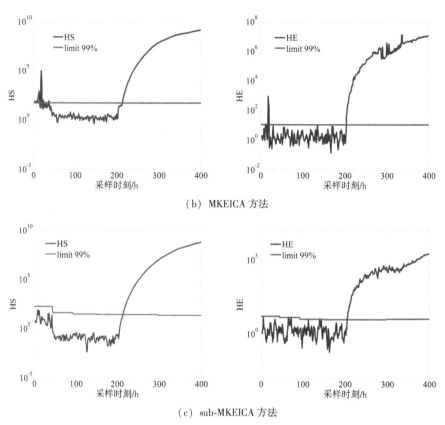

（b）MKEICA 方法

（c）sub-MKEICA 方法

图 5-8　采用 MKICA、MKEICA 和本章方法监测测试批次 1 的结果

Fig. 5-8　Monitoring results using MKICA，

MKEICA and the proposed method for test batch 1

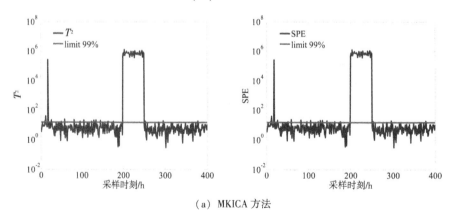

（a）MKICA 方法

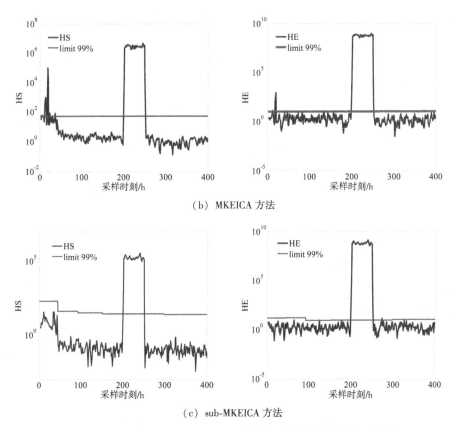

（b）MKEICA 方法

（c）sub-MKEICA 方法

图 5-9 采用 MKICA、MKEICA 和本章方法监测测试批次 2 的结果

Fig. 5-9 Monitoring results using MKICA, MKEICA and
the proposed method for test batch 2

5.3.2 监测结果与讨论

仿真平台的应用表明，本章方法在监测斜坡型扰动的故障方面，其发现故障的能力优于 MKICA 方法和 MKEICA 方法，尤其是在正常阶段，本章方法没有发生故障的误报警现象。实验验证本章方法、MKICA 和 MKEICA 方法，当面对阶跃型故障时，其发现故障的能力相当，但是本章方法在正常阶段没有误报警现象发生。综上所述，本章方法在监测性能方面优于 MKICA 和 MKEICA 方法。

5.3.3 使用实际生产数据进行验证

这里实验的主要的目的是证明下列观点：（1）基于阶段的实际生产过程数

据具有非高斯特性；（2）基于阶段建立的监测模型具备有效的故障监测能力；（3）基于高阶累计量建立阶段监测统计量具有准确的故障监测性能。本章给出的方法应用在北京某生物制药公司基因重组大肠杆菌外源蛋白表达制备白介素-2 的发酵过程监测中，具体的描述参考第 3 章小结，以验证本章监测方法的可行性和有效性，在监测性能方面与 MKICA 和 MKEICA 方法进行比较。工业重组大肠杆菌制备白介素-2 的发酵过程是一个典型的多阶段工业间歇过程，主要阶段包括不补充添加营养成分的菌种培养准备阶段、补充营养成分的菌种生长阶段、产物菌种诱导合成阶段等[80,105,136]。整个微生物发酵的周期大约为 20h，其中第一阶段 5~6h，为摇床培养菌体接种后的菌种生长的适应准备期；第二阶段 3~4h，该阶段需要消耗大量的营养物质，为了保证大肠杆菌快速成长所需要的营养成分，需要持续不断地补充糖源或补充氮源，使微生物发酵罐中的糖浓度保持较高的水平；在第三阶段中，为了有利于外源蛋白的表达，糖浓度的含量必须保持在中等水平。微生物发酵过程的采样时间间隔为 0.5h，初始接种量为 700mL。选取 50 个正常批次作为初始模型参考数据库，得到不等长的三维数据矩阵 $X(50 \times 6 \times (38~40))$，利用 DTW[80] 技术使历史建模的数据长度统一为 $X(50 \times 6 \times 39)$。按照第 4 章的阶段划分方法对其进行阶段划分，各阶段数据划分为 $X_1(50 \times 6 \times 5)$、$X_2(33 \times 6 \times 2)$、$X_3(33 \times 6 \times 4)$、$X_4(33 \times 6 \times 4)$、$X_5(33 \times 6 \times 15)$，各阶段内数据非高斯性验证如图 5-10~图 5-14 所示，结合正态分布的主要特征，由以上各阶段的正态检验图可知，基本上很难满足 5.3.1 小节总结的正态分布特征，故该过程具有非高斯特性。

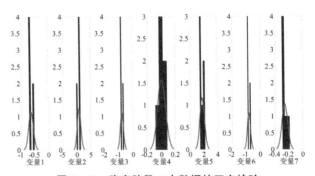

图 5-10　稳定阶段 1 内数据的正态检验

Fig. 5-10　Normality tests data within the stable period 1

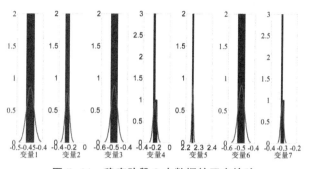

图 5-11　稳定阶段 2 内数据的正态检验

Fig. 5-11　Normality tests data within the stable period 2

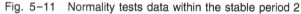

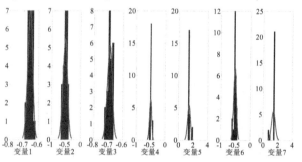

图 5-12　稳定阶段 3 内数据的正态检验

Fig. 5-12　Normality tests data within the stable period 3

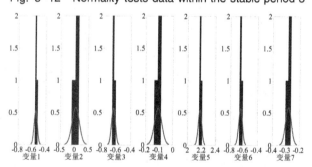

图 5-13　过渡阶段 1 内数据的正态检验

Fig. 5-13　Normality tests data within the transittional period 1

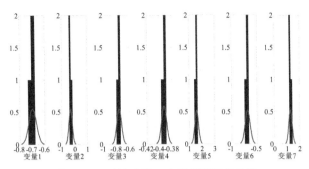

图 5-14 过渡阶段 2 内数据的正态检验

Fig. 5-14 Normality tests data within the transittional period 2

5.3.4 监测结果与讨论

为验证本章提出方法的可行性和有效性，在监测性能方面与 MKICA 和 MKEICA 方法进行比较，依据 MKICA 的建模结果通过负熵阈值的方法确定独立元个数为 16，依据 MKEICA 的建模结果通过负熵阈值的方法确定独立元个数为 9，而分阶段 MKEICA 的稳定阶段的主元个数为 9、10、9，过渡阶段的独立元个数为 13、15。对故障类型 1 的批次进行监测的结果如图 5-15 所示。该故障批次为搅拌功率在 15h 加入斜率为 0.002 的斜坡扰动，直到反应结束。通常来说，搅拌功率是影响溶氧的主要因素，减小搅拌功率会引起培养基中溶氧的下降，导致菌体生长速度减慢和青霉素产率降低[44,79,80]。由图 5-15 可知，本章方法在 15h 时刻几乎在故障发生的同时就指示了异常情况的发生，比 MKEICA 方法分别提前了大约 1h 和 4h。但是在 MKICA 方法的 T^2 监测图中显示其存在大量的误报警和漏报警，对此类故障基本失去监测性能，而 MKICA 方法的 SPE 图在 25h 时刻后才整体超出控制限，比本章方法发现故障的时间滞后 5h。图 5-16 所示为对故障类型 2 的批次进行监测的结果。该故障批次为搅拌功率在 15h 加入斜率为 0.2% 的斜坡扰动，直到反应结束。由图 5-16 可知，本章方法和 MKEICA 在 15h 时刻几乎在故障发生的同时就指示了异常情况的发生。但是在 MKICA 方法的 T^2 监测图中显示其存在大量的误报警和漏报警，直到 28h 时刻才超出控制限，滞后故障发生 8h，而 MKICA 方法的 SPE 图在 37h 时刻后才整体超出控制限，比本章方法滞后 24h，单是此故障直到发酵反应结束的最后时刻才被发现，操作人员已经来不及处理，虽说有报警，但是对于过程监测没有任何意义，换句话说，失去了对此类故障的监测能力。图 5-17 所示为对故障类型 3 的批次进行监测的结果。该故障批次为底物补料速率在 15h 加入阶跃扰动使补料速率下降 15%，直到反应结束。由图可知，本章方法在 15h 检出故障，比 MKICA 方法提前了 10h，比 MKEICA 方法提前了 8h。且在 MKICA 方法的 T^2 图中，有大量的报警现象，并且在 23~32h 对于故障全部漏报，SPE 图中在 22~33h 对于故障失去监测能力，出现全部漏报警现象。

由以上深入分析可知，由于 MKICA 和 MKEICA 方法是将完整的生产批次的数据作为一个整体来处理的，不能体现间歇过程的多阶段局部特征，会导致其单一的过程监测模型不能准确、完整地描述出所有生产过程的阶段信息；或者是过程监测模型涵盖生产过程的所有阶段，导致监测控制限宽松，最终导致在间歇生产的某些阶段内出现故障也不能及时报警，出现大量故障的漏报警现象。综上可知，间歇生产过程的过渡相关特性对监测结果有较大影响，必须加以关注。以上三个仿真实例表明基于 sub-MKEICA 的多阶段监测模型在准确度和鲁棒性方面均优于 MKICA 和 MKEICA 方法。

以上工业实际发酵过程的应用表明，本章提出的基于 KECA 的多阶段监测方法可有效降低生产过程故障的误报警率和漏报警率，实现对工业大肠杆菌发酵过程的监测，保障生产过程安全、可靠地运行，减少故障的发生，为制造业降低生产成本，满足社会对制造业低碳环保的要求。

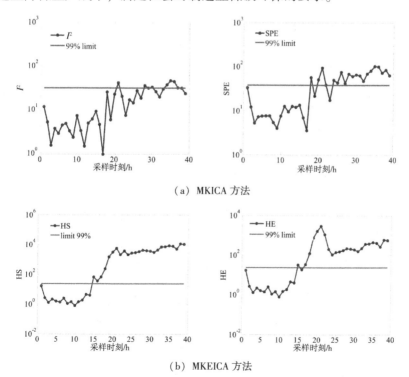

（a）MKICA 方法

（b）MKEICA 方法

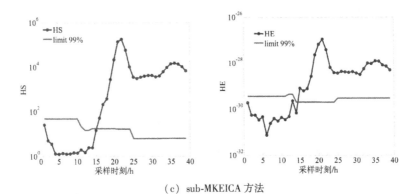

（c）sub-MKEICA 方法

图 5-15　采用 MKICA、MKEICA 和本章方法监测测试批次 1 的结果

Fig. 5-15　Monitoring results using MKICA，

MKEICA and the proposed method for test batch 1

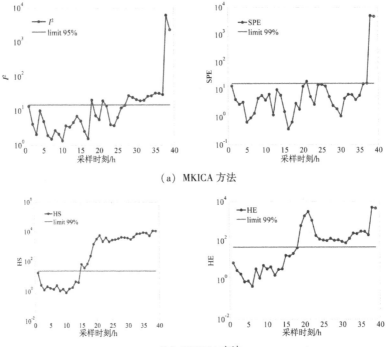

（a）MKICA 方法

（b）MKEICA 方法

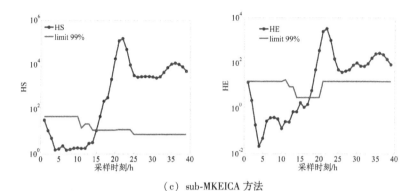

（c）sub-MKEICA 方法

图 5-16　采用 MKICA、MKEICA 和本章方法监测测试批次 2 的结果

Fig. 5-16　Monitoring results using MKICA,

MKEICA and the proposed method for test batch 2

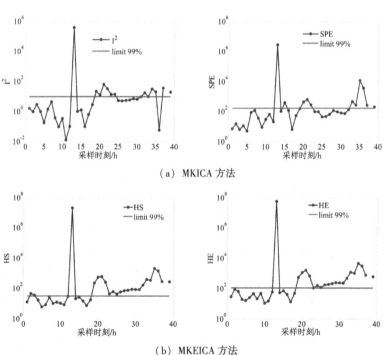

（a）MKICA 方法

（b）MKEICA 方法

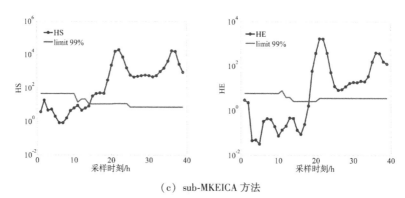

（c） sub-MKEICA 方法

图 5-17　采用 MKICA、MKEICA 和本章方法监测测试批次 3 的结果

Fig. 5-17　Monitoring results using MKICA，

MKEICA and the proposed method for test batch 3

5.4　本章小结

　　针对间歇过程多阶段、非线性、非高斯性的问题，提出一种基于多阶段 MKEICA 的监测算法。该方法首先分析了大多数间歇过程具有的一些固有特性，如多阶段性，批次轨迹不同步，过渡过程的非线性、非高斯性等，认为这些特性不能孤立地来考虑；之后讨论了基于单一模型的传统 MKICA、MKE-ICA 方法在多阶段过程监测中存在的一些无法克服的问题；在此基础上，提出一种全新的多阶段软过渡 sub-MKEICA 的过程监测方法。该方法克服了相邻子类之间边界的错误划分以及过渡阶段过程的非线性、非高斯性等问题，提高了生产过程监测模型的监测精度，保证了生产过程安全、低碳环保和产品质量达标。当实际的生产过程从一个稳定操作阶段过渡到下一个稳定操作阶段时，可有效降低过程监测模型对生产过渡阶段过程故障的报警率。青霉素发酵仿真平台及实际工业制备大肠杆菌发酵过程的应用结果表明，该过程监测方法能够更好地揭示过程的运行状况和变化规律，对于解决间歇过程多阶段监测难的问题，具有一定的实用价值。

第6章 基于质量相关的间歇过程监测方法研究

6.1 引言

在前面的章节中，我们系统分析了基于多元统计方法的 MKECA、MKEICA、sub-MKECA、sub-MKEICA 等方法，这些方法均是利用历史批次中正常的过程数据建立统计模型的[113-115]，当其应用于在线监测时，监测的也仅是当前时刻的过程数据是否超出历史正常批次数据的置信限[116-122]，忽视了工业间歇生产中重要的质量数据。当过程变量相对于历史正常数据发生了变化时，传统的监测模型会给出报警，但实际上由于生产过程中外部环境、原材料、工艺等的差异会依据产品质量对生产过程进行调整，这种调整属于正常变化，但是基于过程的监测模型此时会误认为有异常发生，造成大量的错误报警。因为工业间歇生产部门在实施生产的过程中，主要的关注指标之一就是产品质量达标，如污水处理厂，关注最终的水质达标；微生物发酵生产车间，要求菌体质量达标[2,113]；注塑生产车间，要求产品的外形合格[23,36,38,101]。所以为了使产品质量达标，现场过程工程师会根据生产过程中的实时产品质量情况对生产过程进行干预调整，如在某个阶段所生产的产品质量没有达标，就会调整过程的某些变量，使其达标，此时传统监测方法就会出现误报警现象。为了使产品质量满足要求就要对过程变量进行调整，这在工业间歇生产过程中是一种常态。随着生产过程智能自动化的升级改造以及智能传感器技术领域的迅猛发展，越来越多的产品质量可以实现在线测定，而间歇过程的在线测定首先便要解决以上提到的误报警现象。基于多向偏最小二乘（MPLS）方法[11-20]及其改进方法[49-51]是以输入变量对输出变量的最大解释作为特征提取的依据，提取较少的潜隐变量来代表过程数据的主要特征信息，适合质量相关过程故障的监测，近年来在间歇生产过程故障监测方面得到了卓有成效的应用[123-130,139]。但是经过对 MPLS 算法深入地研究之后，发现基于 MPLS 方法提取的潜隐变量的主元空间含有与质量无关的成分，在构建监测模型时并未考虑去除，这些对质量相关故障无益的成分由于存在于过程监测模型中，会造成监测模型误报警率高的现象；MPLS 方法在提取完潜隐变主元空间后，剩余的残差空间含有与质量有关的成分，在构建监测模型时并未考虑加上，这些对质量相关故障有益的成分由于没有添加到监测模型中会造成监测模型漏报警率高的现象。为解决上述问题，Zhou 等人[131]、Li 等人[132-135]提出了质量相关的 T-PLS（total PLS）方法，将 MPLS 分解后的潜隐变量主元空间和残差空间用主成分分析（PCA）[6-10,139]进行分解，得到与质量相关、与质量无关、与质量正交和残差四个子空间，在四个子空间分别构建监测模型，克服输入过程变量与输出质量相关故障检测方法的不足。但是以上方法的本质是线性化建模，在对复杂的间歇生产过程进行监测时会造成大量的故障误报警和漏报警现象，如微生物发酵过程，变量间存在较强的非线性关系，利用传统的线性方法进行统计建立的模型将不能描述间歇生产过程的非线性特征，如果将其应用在间歇生产过程的监测中，会发生大量的故障误报警和漏报警现象。为了解决间歇过程非线性质量相关故障监测难的问题，Chang 等人[136]、Peng 等人[137]、Zhao 等人[138]、Qin 等人[140]将核函数引入到 T-PLS 中，提出了全影核偏最小二乘（Total Kernel Partial Least Squares，T-KPLS）方法。T-KPLS 的基本思想是将原输入空间线性不可分的数据通过核函数映射到高维特征空间使其线性可分，然后利用 T-PLS 将高维数据空间分为与质量相关、与质量无关、与质量正交和残差四个子空间后再将质量相关子空间的统计量与残差子空间的统计量相结合构造新的统计量，用于与质量相关的过程故障监测，进一步提高了与质量相关故障的监测性能。然而，以上方法仅考虑了过程的高斯特性，只利用了数据的二阶协方差信息，未考虑数据的高阶统计量信息，会造成对过程数据信息提取的不完整，在监测过程故障时会引起较大的误报警率，甚至失去监测性能[93-96,113]。在实际的间歇工业生产过程中，完全的高斯过程和完全的非高斯过程是极少存在的，相反，间歇过程往往是高斯特性和非高斯特性共存，为此，应用两步法 ICA-PCA 得到了广泛应用，前者提取间歇过程的非高斯特性，后者提取间歇过程的高斯特性。由于 ICA-PCA 监测模型充分考虑间歇过程的特性，其在过程监测中表现优于传统 MICA 监测模型和 MPCA 监测模型。Zhao 等人[107]、Ge 等人[141]、Yan 人[142]等也验证了上述观点。但是以上方法主要存在以下两方面不足：（1）未考虑过程的非线性特性；（2）未考虑过程的分阶段特性。针对以上问题在间歇过程的过程监测领域，Fan 等人[143]、Zhu 等人[144] 将其扩展到针对间歇过程的监测领域，提出将基于 KICA-PCA 的两步方法用于间歇过程数据特性中非线性、非高斯性和高斯性共存状态下的故障监测，提高了模型的监测精度。然而上述建模方法是将生产过程作为一个整体进行建模，忽略了间歇过程多阶段的局部特性，而间歇过程在不同的阶段往往具有显著的差异，这种利用整体单一的建模思路，在面对多阶段特性的间歇过程监测时，会造成大量的误报警，甚至失去监测性能。为此，Zhao 等人[145] 提出子时段的 KICA-PCA 的监测方法，该方法充分考虑了间歇过程多时段的特性，将整个间歇过程划分为不同的时段，分别建立了监测模型，取得了不错的效果。然而在面对质量相关的故障时，监测效果差，其并不适合进行质量相关的过程监测。综上，将以上过程监测方法的缺点归纳如下：其一，所使用的监测统计量是低阶统计量；其二，模型仅考虑过程变量未考虑质量变量的变化，如生产过程中依据质量的生产情况会对过程进行简单调整，这会造成过程变量的变化，导致监测模型大量误报警，其依据过程变量进行过程监测已经不适用当前的工业生产过程。基于以上问题，结合前面章节的内容，提出了子时段的质量相关过程故障的监测方法，即多阶段 sub-KEICA-TPLS。首先利用第 4 章阶段划分的结果，进行 ICA 建模，建立高阶累积量的监测统计量 HS 和 HE，其中 HS 主要反映生产过程变量的非高斯信息，HE 主要反映生产过程变量的高斯信息，然后在质量变量 Y 的引导下将空间 HE 进行 T-PLS 分解，得到四个子空间后将质量相关子空间的统计量与残差子空间的统计量相结合，构造新的联合统计量用于与质量相关的过程故障监测。本监测策略兼顾间歇过程非线性、非高斯性、多阶段性、高斯性共存的现象，具有实际的应用价值。

6.2 全潜隐结构投影法（T-PLS）

PLS 及其扩展算法[11-15,126-130] 使用两个子空间来代表生产过程的变化。一是潜隐变量的主元子空间，是和质量变量 Y 相关的信息，用监测统计量 T^2 来表示。另一个是潜隐变量的残差子空间，是和质量变量 Y 无关的信息，用监测统计量 SPE 来表示，PLS 和 T-PLS 的分解结构对比如图 6-1 所示。T-PLS

利用 PCA 对 PLS 分解的潜隐变量的主元子空间做进一步的分解，$\boldsymbol{T}_y$、$\boldsymbol{T}_o$、$\boldsymbol{T}_r$ 代表生产过程的主要特征，表征着历史正常生产批次过程特征的差异大小，因此特别适合用 T^2 监测统计量来表示；$\boldsymbol{E}_r$ 代表主要生产过程的特征中未被解释的信息，是主要生产过程特征的残差部分，因此特别适合用 SPE 监测统计量来表示。T-PLS 模型分解的形式如下：

$$\boldsymbol{X} = \boldsymbol{t}_y \boldsymbol{p}_y^{\mathrm{T}} + \boldsymbol{T}_o \boldsymbol{P}_o^{\mathrm{T}} + \boldsymbol{T}_r \boldsymbol{P}_r^{\mathrm{T}} + \boldsymbol{E}_r \tag{6-1}$$

$$\boldsymbol{Y} = \boldsymbol{t}_y \boldsymbol{q}_y + \boldsymbol{F} \tag{6-2}$$

$$\boldsymbol{E}_r = \boldsymbol{E}\left(\boldsymbol{I} - \boldsymbol{P}_r \boldsymbol{P}_r^{\mathrm{T}}\right) \tag{6-3}$$

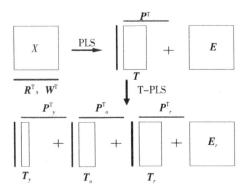

图 6-1　T-PLS 模型结构

Fig. 6-1　The T-PLS model structure

6.2.1　T-PLS 引理

和 PLS 算法一样，T-PLS 得到的不同潜隐变量的分向量之间是互相垂直的。即有下述引理：

引理 6.1　对 $\boldsymbol{t}_y$、$\boldsymbol{T}_o$、$\boldsymbol{T}_r$ 中的任意列向量，$\boldsymbol{t}_i$、$\boldsymbol{t}_j$ 有以下性质：

$$\boldsymbol{t}_i^{\mathrm{T}} \boldsymbol{t}_j = 0 \tag{6-4}$$

证明　根据 PLS 算法的性质，可知有以下性质：

$$\boldsymbol{T}^{\mathrm{T}} \boldsymbol{E} = 0 \tag{6-5}$$

从 T-PLS 算法中可知：

$$\boldsymbol{t}_y^{\mathrm{T}} \hat{\boldsymbol{X}}_o = \boldsymbol{t}_y^{\mathrm{T}} \left(\boldsymbol{I} - \boldsymbol{t}_y \boldsymbol{t}_y^{\mathrm{T}} / \boldsymbol{t}_y^{\mathrm{T}} \boldsymbol{t}_y\right) \hat{\boldsymbol{X}}_o = 0 \tag{6-6}$$

因此，有以下性质：

$$t_y T_o^T = t_y^T \hat{X}_o P_o \tag{6-7}$$

又考虑到 PCA 模型内的分向量之间相互垂直，$t_i \in T_o$，T_r 是相互正交的，引理 6.1 得证。

引理 6.2

$$T_o^T y = 0 \tag{6-8}$$

证明

$$
\begin{aligned}
T_o^T y &= T_o^T \left(t_y + F \right) = \left(T_o^T t_y + T_o^T F \right) = P_o^T \hat{X}_o F \\
&= P_o^T \hat{X}_o \left(I - t_y t_y^T / t_y^T t_y \right) F \\
&= P_o^T \hat{X}_o F = P_o^T P T^T F = 0
\end{aligned}
\tag{6-9}
$$

其中 $T^T F = 0$ 是 PLS 算法中的特性。因此，引理 6.2 得证。

6.2.2　T-PLS 的几何特性

基于 T-PLS 算法实现了输入空间在输出变量 y 引导下的全面分解，引理 6.3 如下所示：

$$
\begin{aligned}
x &= \hat{x}_y + \hat{x}_o + \hat{x}_{rp} + \hat{x}_{rr} \\
\hat{x}_y &= p_y q R^T x \equiv C_1 x \in S_y \\
\hat{x}_o &= \left(P - p_y q \right) R^T x \equiv C_2 x \in S_o \\
\hat{x}_{rp} &= P_r P_r^T \left(I - P R^T \right) x \equiv C_3 x \in S_{rp} \\
\hat{x}_{rr} &= \left(I - P_r P_r^T \right) \left(I - P R^T \right) x \equiv C_4 x \in S_{rr}
\end{aligned}
\tag{6-10}
$$

其中 $C_1 + C_2 + C_3 + C_4 = I_m$，对其证明如下：各个子空间的维数及相关描述如下，假设矩阵 $C_i (i = 1, 2, 3, 4)$ 都是幂等的，T-PLS 算法有以下性质：

$$
\begin{aligned}
q R^T p_y &= q R^T P R^T t_y / t_y^T t_y = 1 \\
\left(I - P R^T \right) P_r P_r^T &= P_r P_r^T
\end{aligned}
\tag{6-11}
$$

因此

$$C_1^2 = p_y q R^T p_y q R^T = p_y q R^T = C_1 \tag{6-12}$$

$$
\begin{aligned}
C_2^2 &= \left(P - p_y q \right) R^T \left(P - p_y q \right) R^T = \left(P - p_y q \right) \left(I - R^T p_y q \right) R^T \\
&= \left(P - p_y q - P R^T p_y q + p_y q \right) R^T = \left(P - p_y q \right) R^T = C_2
\end{aligned}
\tag{6-13}
$$

$$C_3^2 = P_r P_r^{\mathrm{T}} \left(I - P R^{\mathrm{T}} \right) P_r P_r^{\mathrm{T}} \left(I - P R^{\mathrm{T}} \right) = P_r P_r^{\mathrm{T}} P_r P_r^{\mathrm{T}} \left(I - P R^{\mathrm{T}} \right) = C_3 \qquad (6\text{-}14)$$

$$\begin{aligned}
C_4^2 &= \left(I - P_r P_r^{\mathrm{T}} \right) \left(I - P R^{\mathrm{T}} \right) \left(I - P_r P_r^{\mathrm{T}} \right) \left(I - P R^{\mathrm{T}} \right) \\
&= \left(I - P_r P_r^{\mathrm{T}} \right) \left(I - P R^{\mathrm{T}} - P_r P_r^{\mathrm{T}} \right) \left(I - P R^{\mathrm{T}} \right) \\
&= \left(I - P_r P_r^{\mathrm{T}} \right) \left(I - P R^{\mathrm{T}} \right) = C_4
\end{aligned} \qquad (6\text{-}15)$$

上述结果表明，矩阵 $C_i (i = 1, 2, 3, 4)$ 均为投影矩阵，且不同的矩阵之间有如下的正交关系：

$$C_1 C_2 = p_y q R^{\mathrm{T}} \left(P - p_y q \right) R^{\mathrm{T}} = \left(p_y q - p_y q \right) R^{\mathrm{T}} = 0$$

$$C_1 C_3 = p_y q^{\mathrm{T}} R^{\mathrm{T}} P_r P_r^{\mathrm{T}} \left(I - P R^{\mathrm{T}} \right) = p_y q^{\mathrm{T}} R^{\mathrm{T}} \left(I - P R^{\mathrm{T}} \right) P_r P_r^{\mathrm{T}} \left(I - P R^{\mathrm{T}} \right) = 0 \quad (6\text{-}16)$$

$$C_1 C_4 = p_y q^{\mathrm{T}} R^{\mathrm{T}} \left(I - P_r P_r^{\mathrm{T}} \right) \left(I - P R^{\mathrm{T}} \right) = p_y q R^{\mathrm{T}} \left(I - P R^{\mathrm{T}} \right) - C_1 C_3 = 0$$

其他的关系可以类似地证明，那么所有的关系可以总结如下：

$$C_i C_j = C_j C_i = 0 \left(i \neq j \right) \qquad (6\text{-}17)$$

另外，所有的矩阵之和有如下关系：

$$C_1 + C_2 + C_3 + C_4 = P R^{\mathrm{T}} + \left(I - P R^{\mathrm{T}} \right) = I \qquad (6\text{-}18)$$

上述结论证明了 S_y、S_o、S_{rr}、S_{rp} 是 X 空间的一个划分[136,139]，实现输入数据空间的全面分解：即将其分解为质量变量直接相关子空间 S_y、质量变量正交子空间 S_o、质量变量无关子空间 S_{rp} 和残差子空间 S_{rr}。各子空间描述见表 6-1。

表 6-1 各子空间描述

Table 6-1 Meaning of Different Subsapces

子空间名称	子空间维度	子空间描述
S_y	1	X 空间中唯一用以预测 y 的子空间
S_o	$A-1$	X 空间中 PLS 主元里对预测 y 没有贡献的子空间
S_{rr}	A_r	X 空间中预测 y 无关的，但是又被激励出方差的子空间
S_{rp}	$m-A-A_r$	X 空间中并没有被激励来的那部分子空间

6.3　基于质量相关的间歇过程监测

6.3.1　离线建模

将历史数据按 5.2.1 小节的方法建立离线模型，这里与其不同的地方仅在 HE 空间内应用 T-PLS 算法结合质量变量分解为质量变量直接相关子空间 S_y、质量变量正交子空间 S_o、质量变量无关子空间 S_{rp} 和残差子空间 S_{rr}，其对应的监测统计量及其控制限的构建如下，对于残差 HE 矩阵，其相应的得分向量和残差按照下式所示，具体建模流程如图 6-2 所示[136]。

$$t_y = q\mathbf{R}^{\mathrm{T}}\mathrm{HE} \in \mathbf{R}^1 \tag{6-19}$$

$$T_o = \mathbf{P}_o^{\mathrm{T}}\left(\mathbf{P} - \mathbf{p}_y\mathbf{q}\right)^{\mathrm{T}}\mathrm{HE} \in \mathbf{R}^{A-1} \tag{6-20}$$

$$T_r = \mathbf{P}_r^{\mathrm{T}}\left(\mathbf{I} - \mathbf{P}\mathbf{R}^{\mathrm{T}}\right)\mathrm{HE} \in \mathbf{R}_r^A \tag{6-21}$$

$$E_r = \left(\mathbf{I} - \mathbf{P}_r\mathbf{P}_r^{\mathrm{T}}\right)\left(\mathbf{I} - \mathbf{P}\mathbf{R}^{\mathrm{T}}\right) \in \mathbf{R}^m - A - A_r \tag{6-22}$$

T_y^2、T_o^2 和 T_r^2 的控制限可以利用 F 分布来计算，而 Q_r 统计量可以用 χ^2 分布来计算，故障检测所需统计量及其相应控制限计算方法见表 6-1，其中 $\Lambda_y = \frac{1}{n}t_y^{\mathrm{T}}t_y$，$\Lambda_o = \frac{1}{n}t_o^{\mathrm{T}}t_o$，$\Lambda_r = \frac{1}{n}t_r^{\mathrm{T}}t_r$，$F_{1,\,n-1,\,a}$ 代表自由度为 1 和 $n-1$、置信度为 a 的 F 分布，另外在 $g = S/2\mu$，$h = 2\mu^2/S$ 中，μ 是 Q_r 样本的均值，S 是 Q_r 样本的方差，$g\chi_{h,a}^2$ 是一个尺度因子为 g、自由度为 h、置信度为 a 的 χ^2 分布的临界值。构建 T_y^2 和 Q_r 的联合统计量如下：

$$\varphi = \frac{T_y^2}{\delta_y^2} + \frac{Q_r}{\delta_{rr}^2} \tag{6-23}$$

由式（6-23）可知，改进后的监测统计量可以更好地监测与质量相关的故障，统计量计算的具体推导过程参见参考文献[12, 23, 137]，其控制限由核密度估计得出。

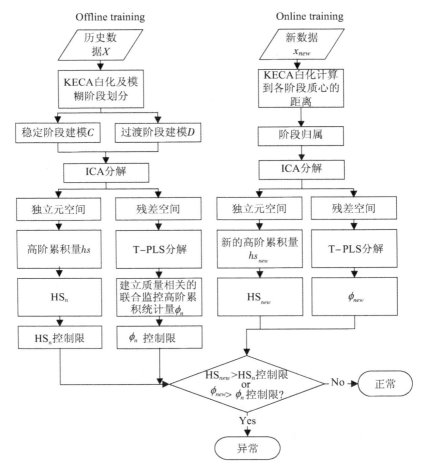

图 6-2 基于 sub-MKEICA-TPLS 模型的过程监测流程图

Fig. 6-2 Flow chart of sub-MKEICA-TPLS algorithm

6.3.2 在线监测

由于各种各样的原因，实际间歇过程不可能完全地重复生产，每次过渡历经时间不等，在线过渡数据很有可能会与建模数据不等长。处理此类问题的常用方法是压缩或拉伸数据[23,36,44,99,100,145]，本小节给出一种简单的方法进行处理：

（1）当过渡过程具有子阶段指示变量时，可直接根据模态指示变量进行模态选择；（2）当过渡过程没有子阶段指示变量时，从一进入过渡开始，首先调用第一个过渡子阶段模型进行监测，模型超限后，依次调用剩下的过渡子阶段监测模型以及过渡结束后的稳定阶段监测模型进行监测。如果对应所有阶段模型的统计量均超出控制限，那么给出故障报警信号。

下面给出具体的在线监测的步骤：

步骤 1：采用在线 DTW[22,36,79,80,146] 对当前数据与相应阶段参考轨迹进行同步，计算当前时刻的数据到各阶段质心的距离，判断当前时刻数据的阶段归属，如果属于稳定阶段，则对当前时刻采集到的变量数据 $x_{new,k}(1 \times J)$ 采用相应时刻的均值和方差进行标准化，否则转至步骤 2；从当前时刻回溯 d 个时刻的数据组成扩展矩阵，选择相应的子模型计算新时刻的 HS_{new}、ϕ_{new} 统计量，并检查它们是否超出各自的控制限，判断是否有故障发生，转至步骤 4。

步骤 2：对当前时刻采样数据 $x_{new,k}$ 采用当前过渡阶段 c 的模型进行数据标准化和计算相应的统计量，判断是否有超出控制限的情况发生，若没有，转至步骤 4；否则，转至步骤 3。

步骤 3：对当前数据 $x_{new,k}$，采用下一阶段 $c+1$ 的过渡模型进行数据标准化和计算相应的统计量，判断是否有超出控制限的情况发生，若没有，表明过程正常，当前时刻已进入下一阶段 $c+1$，将 $c+1$ 标记为当前阶段；否则，表明过程有异常情况发生，应采取相应措施。

步骤 4：重复步骤 1~ 步骤 4，直到新批次的发酵过程结束。

该方法首先利用本章的改进 AT 变量展开方法将三维历史数据展开为二维数据矩阵形式，利用 KECA 对其进行白化处理，在白化得分矩阵里进行阶段划分，将生产过程划分为 C 个稳定阶段和 D 个过渡阶段。由于经 KECA 白化处理后的数据已经利用核技巧将其映射到高维核熵空间后变得线性可分，故可把线性 ICA 方法扩展到非线性领域。用 ICA 对稳定阶段和过渡阶段进行分解，将稳定阶段和过渡阶段分解为与其对应的独立元子空间和残差子空间，其中独立元子空间主要捕获生产过程数据的非高斯信息，残差子空间主要捕获生产过程的高斯信息。这里引入质量变量对残差空间进行 T–PLS 分解，分解为：与质量相关、与质量无关、与质量正交和残差四个子空间，将与质量相关子空间和残差子空间联立构建联合质量相关的监测统计量 ϕ_n，在独立主元子空间内构建三阶累积监测统计量 HS_n，用核密度估计两者的监测控制限用于过程的在线监测，这里的下标 n 代表生产过程对应的操作阶段；将采集到的新时刻在线数据 x_{new} 进行标准化，将标准化后的数据投影到核熵空间进行判断阶段归属后，用 ICA 将在线新时刻的核熵空间分解为在线独立元子空间和残差子空间，同时引入质量变量对在线残差子空间进行 T–PLS 分解，计算质量相关的联合在线统计量 ϕ_{new} 和在线独立元空间 HS_{new}，判断其是否超出监测控制限。如果新时刻的统计量没有超出监测控制限，表明生产过程没有异常情况发生；如果新时刻的统计量任意一个或者两个都超出监测控制限，则判断此时的生产出现异常，需要对其进行故障变量追溯。这里构造的三阶累积监测统计量是针对传统 MKICA 监测方法所构建的监测统计量为二阶统计量的不足，提出的用于过程监测的高阶累积量的监测统计量，旨在克服传统统计量在监测时存在较高的误警率和漏报率的问题，改善故障监测的可靠性和灵敏度。这里构造的与质量相关的联合监测统计量是面向间歇过程质量相关过程的故障监测，降低了质量相关故障的误报警率和漏报警率。

6.4 应用研究

6.4.1 使用实际生产数据进行验证

本小节给出本章过程监测方法应用在北京某微生物制药有限公司利用基因重组大肠杆菌外源蛋白表达制备白介素 - 2 的发酵过程监测中的应用[80,104,136]。这里实验的主要目的是证明下列观点：（1）基于阶段的过程数据是非高斯特性、非线性、高斯性、多阶段性共存的，不是单一存在的；（2）基于阶段建立的监测模型具备有效的故障监测能力；（3）基于高阶累积量建立质量相关的联合监测统计量具有准确的故障识别能力。选择 5 个主要过程变量和 2 个质量变量用于建模，质量变量引入到所建模型中也是本章有别于前面章节的方法。建模所用的过程变量和质量变量见表6-2。选取 30 个正常批次作为初始模型参考数据库，得到不等长的三维数据矩阵 $X(30 \times 7 \times (38 \sim 40))$。根据第 4 章介绍的阶段划分算法，整个过程被划分为 5 个子阶段（1~5，6~7，8~11，12~14，15~39），它们反映了间歇过程运行的多阶段特征。这里需要指出的是该时段划分结果并不一定与发酵过程真正的阶段严格相同，而是更侧重于局部模型对数据解释的重构能力。得到基于时刻的阶段数据分别为：$X_1(30 \times 7 \times 5)$、$X_2(30 \times 7 \times 2)$、$X_3(30 \times 7 \times 4)$、$X_4(30 \times 7 \times 3)$、$X_5(30 \times 7 \times 15)$。用改进 AT 方法对三维数据矩阵进行展开，得到等长的二维数据矩阵（见图6-2），本小节实验的核参数选为 20，独立元个数在不同阶段内分别为4、6、4、6、5，潜隐变量个数在不同阶段内分别为2、4、4、2、3，建模用的变量见表6-2，其中变量 x_1、x_2、x_3、x_4、x_5 是生产过程的关键变量，变量 y_1 和 y_2 是产品的质量变量，为了验证本章模型的有效性，引入故障数据对其进行监测，故障数据见表 6-3。

表 6-2　大肠杆菌发酵过程可检测变量

Table 6-2　The measuring parameters in Escherichia coli fermentation processes

变量序号	变量名称
x_1	pH
x_2	通风速率/（L/h）
x_3	罐压/bar
x_4	温度/K
x_5	搅拌速率/（r/min）
y_1	菌体浓度/（g/L）
y_2	白介素浓度/（g/L）

表 6-3　仿真中用到的故障类型

Table 6-3　Fault types introduced in process

序号	变量名称	故障类型	幅度	时间/h
故障 1	搅拌功率	斜坡扰动	0.2%	15~39
故障 2	搅拌功率	斜坡扰动	1.0%	15~39
故障 3	搅拌功率	斜坡扰动	5.0%	15~39
故障 4	通风速率	斜坡扰动	1.0%	10~39
故障 5	通风速率	斜坡扰动	2.0%	10~39
故障 6	通风速率	阶跃故障	5.0%	10~39
故障 7	搅拌功率	阶跃故障	5.0%	15~39

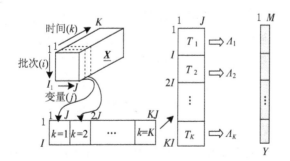

图 6-2　改进 AT 方法展开

Fig. 6-2　Improved AT Method Unfold

6.4.2 监测结果与讨论

首先引入表6-3中的第一种故障，搅拌功率在15 h时刻引入斜坡扰动，按照0.2%的斜率增长。从图6-3（a）显示的故障检测结果可以看出，HE监测统计量基本无法监测到微小故障的发生，过程存在大量的故障漏报，漏报率为99%。而本章方法如图6-3（b）所示，新的监测统计量从15 h时刻开始逐渐增长并超过控制限，接近17 h时开始超出控制限，而15～16 h时，存在少量的低于控制限的现象，这可能是由于微小故障的加入引起系统的自我反馈调整，使得其低于控制限，但是随着时间的增长，其故障逐渐加大，系统失去自我校对功能而导致整体稳定地超出控制限。而如图6-3（a）所示，监测统计量HE由于微小故障的引入，其系统的自我调整导致整体不超控制限，微小故障可能由于系统的自我调整，而湮没故障，造成故障的漏报，甚至失去监测性能。引入表6-3中的第二种故障，搅拌功率在15 h时刻，引入斜坡扰动，按照1%的斜率增长，是故障1幅值的5倍。从图6-4显示的监测结果可以看出，HS监测统计量在15 h时刻附近超出控制限，比图6-3中的监测统计量的HS提前，这说明故障幅值的大小对于HS监测统计量是有一定影响的，这也很容易理解，故障幅值增大，其表现更加区别于正常生产数据。但是从图6-4（a）可以看出，HE监测结果，在16 h时刻附近没有及时地检测到故障，存在大量的漏报警现象，漏报率接近87%；从图6-4（b）可以看出，新的联合监测统计量在16 h时刻附近超过控制限，可以及时捕获故障。第三种故障是搅拌功率在15 h时刻引入斜坡扰动，按照5%的斜率增长直到发酵结束。从图6-5（a）显示的监测结果可以看出，HS监测统计量在15 h时刻超出控制限，HE监测统计量在15～18 h、22～26 h、35～38 h内超出控制限，这种反复表现为系统对故障的自我反馈调整，但是存在大量的漏报警，漏报率为68%。从图6-5（b）可以看出，新的联合监测统计量在15 h时刻超出控制限，具有准确、及时捕获故障的能力。以上三种故障的监测结果说明，针对斜坡扰动性故障，传统方法的监测效果差，而本章方法的监测效果优于传统方法，但是针对微小故障，传统方法会随着幅值的增加而增大故障的监测精度，本章方法则改变不大。

第四种故障是通风速率在10 h时刻引入斜坡扰动，分别按照1%的斜率增长。从图6-6（a）显示的监测结果可以看出，HS监测统计量在16 h时刻超出控制限，HE监测统计量在17～22 h、26～33 h、38～39 h内未超出控制限，这种反复表现为系统对故障的自我反馈调整，但是存在大量的漏报警，漏报率为 76%。从图 6-6（b）可以看出，新的联合监测统计量在 12 h 时刻超出控制限，具有准确、及时捕获故障的能力。第五种故障是通风速率在 10 h 时刻引入斜坡扰动，分别按照 2% 的斜率增长，比第四种故障的幅值增加一倍，从图 6-7（a）显示的监测结果可以看出，HS 监测统计量在 14 h 时刻超出控制限，HE 监测统计量在 16~21 h、25~32 h、37~38 h 内未超出控制限，这种反复表现为系统对故障的自我反馈调整，但是存在大量的漏报警，漏报率为 72%。从图 6-7（b）显示可以看出，新的联合监测统计量在 12 h 时刻超出控制限，具有准确、及时捕获故障的能力。以上两种故障的监测结果说明，针对斜坡扰动型故障，传统方法监测效果差，而本章方法的监测效果优于传统方法，但是针对微小故障，传统方法会随着幅值的增加而增大故障的监测精度，本章方法则改变不大。

第六种故障是通风速率在 10 h 时刻引入阶跃故障，按照 5% 的幅值加入。从图 6-8 显示的结果可以看出，HS 具有较高的故障漏报，漏报率为 56%，从图 6-8（a）可以看出，HE 在 13 h 时刻超出控制限，比实际故障发生晚 2 h，但是其在 17~33 h 监测统计量 HE 回落到控制限以下，具有较低的故障检测率，漏报率为 86%。如图 6-8（b）所示，新的联合监测统计量在 12 h 整体超出监测控制限，漏报率为 7%，可以正确、及时捕获此类故障。第七种故障是搅拌功率在 15 h 时刻引入阶跃故障，按照 5% 的幅值加入。从图 6-9（a）显示的结果可以看出，HS 具有较高的故障漏报率，漏报率为 67%，从图 6-9（a）可以看出，HE 在 20 h 时刻超出控制限，滞后故障 5 h，其在 25~34 h 由于系统的自我反馈调整，又回落到控制限以下，有较多的故障漏报警，漏报率达到 64%。从图 6-9（b）所示的新的联合统计量的监测结果可以看出，其在 12 h 时刻整体稳定超出监测控制限，可以及时发现故障，具有较高的故障检测率。以上两种故障的监测结果说明，针对阶跃型故障，传统方法的监测效果差，而本章方法的监测效果优于传统方法。

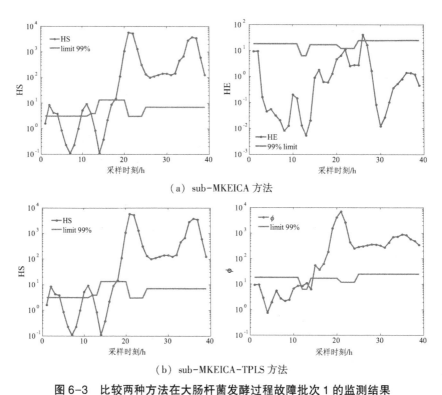

（a）sub-MKEICA 方法

（b）sub-MKEICA-TPLS 方法

图 6-3　比较两种方法在大肠杆菌发酵过程故障批次 1 的监测结果

Fig. 6-3　Monitoring results using（a）sub-MKEICA，

（b）sub-MKEICA-TPLS for fault batch 1

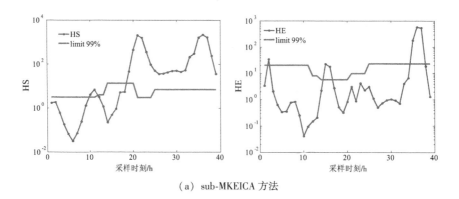

（a）sub-MKEICA 方法

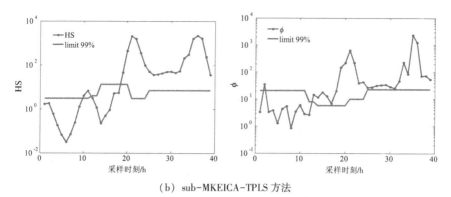

（b）sub-MKEICA-TPLS 方法

图 6-4　比较两种方法在大肠杆菌发酵过程故障批次 2 的监测结果

Fig. 6-4　Monitoring results using（a）sub-MKEICA,

（b）sub-MKEICA-TPLS for fault batch 2

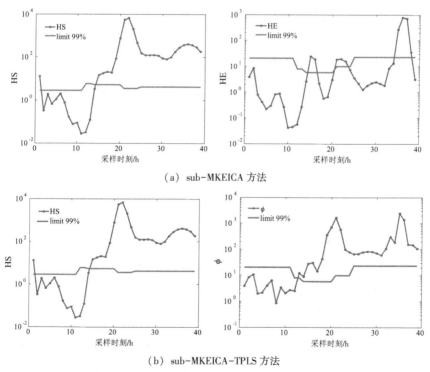

（a）sub-MKEICA 方法

（b）sub-MKEICA-TPLS 方法

图 6-5　比较两种方法在大肠杆菌发酵过程故障批次 3 的监测结果

Fig. 6-5　Monitoring results using（a）sub-MKEICA,

（b）sub-MKEICA-TPLS for fault batch 3

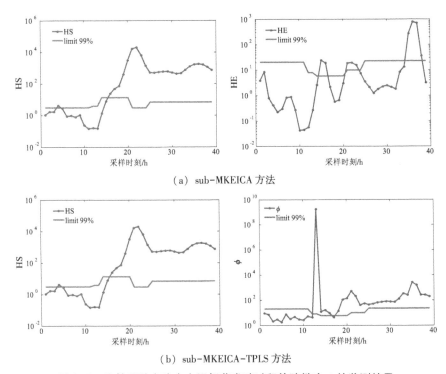

（a）sub-MKEICA 方法

（b）sub-MKEICA-TPLS 方法

图 6-6　比较两种方法在大肠杆菌发酵过程故障批次 4 的监测结果

Fig. 6-6　Monitoring results using（a）sub-MKEICA,

（b）sub-MKEICA-TPLS for fault batch 4

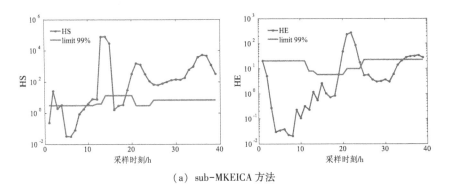

（a）sub-MKEICA 方法

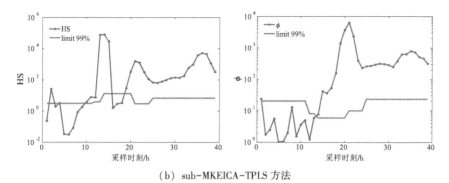

（b）sub-MKEICA-TPLS 方法

图 6-7　比较两种方法在大肠杆菌发酵过程故障批次 5 的监测结果

Fig. 6-7　Monitoring results using（a）sub-MKEICA，

（b）sub-MKEICA-TPLS for fault batch 5

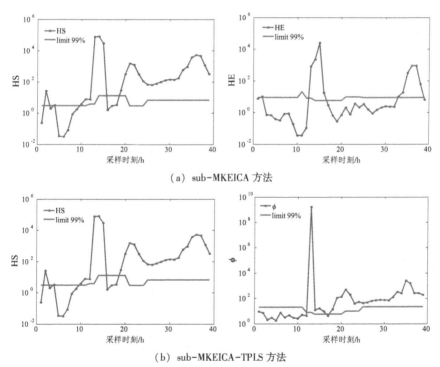

（a）sub-MKEICA 方法

（b）sub-MKEICA-TPLS 方法

图 6-8　比较两种方法在大肠杆菌发酵过程故障批次 6 的监测结果

Fig. 6-8　Monitoring results using（a）sub-MKEICA，

（b）sub-MKEICA-TPLS for fault batch 6

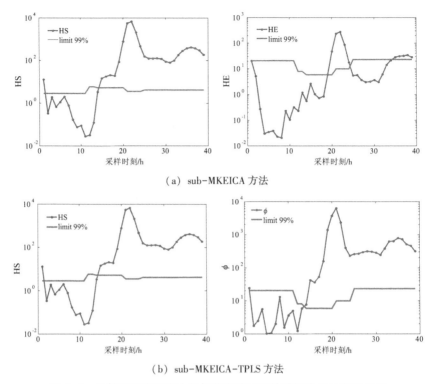

（a）sub-MKEICA 方法

（b）sub-MKEICA-TPLS 方法

图 6-9　比较两种方法在大肠杆菌发酵过程故障批次 7 的监测结果

Fig. 6-9　Monitoring results using（a）sub-MKEICA，

（b）sub-MKEICA-TPLS for fault batch 7

6.5　本章小结

　　针对实际的间歇生产过程由于要控制产品的质量达标，需要在线及时调整生产过程变量而引起的误报警和漏报警问题，提出基于核熵的间歇过程监测方法。前几章的研究方法都是基于过程变量的监测方法，当过程变量出现诸如因产品质量的问题而需要对过程变量做出调整时，监测模型会认为是故障。为解决上述问题，同时结合 T-PLS 和多阶段 KEICA 的优势，提出基于核熵的间歇过程监测策略。该策略用多阶段 KEICA 对生产过程进行建模分析，建立高阶累积量的监测统计量 HS 和 HE，其中 HS 主要反映生产过程变量的非高斯信息，HE 主要反映生产过程变量的高斯信息，然后在质量变量 Y 的引

导下将空间 HE 进行 $T\text{-PLS}$ 分解，得到四个子空间后将质量相关子空间的统计量与残差子空间的统计量相结合构造新的联合统计量，用于与质量相关的过程故障监测，以实现对非线性、高斯性、非高斯性、多阶段性的实际间歇生产过程全方位监测，通过在工业制备大肠杆菌的间歇发酵过程中的应用，表明该监测方法确实能有效减少生产过程中监测的误警率和漏报率，较好地反映各阶段的特征多样性，为多操作阶段、混合高斯分布的间歇发酵过程提供了一种可行的监测方案，具有一定的实用价值。

结　　论

多元统计过程监测（MSPM）方法是一种基于多元统计理论的过程控制技术，通过分析大量测量变量之间的高度相关性，从而对生产过程的运行状态进行分析。但是当前的 MSPM 技术往往假设过程本身仅存在一个标准操作范围，即假设变量间的相关关系具有相同的过程特征，只有这样，传统的 MSPM 才能基于历史数据准确地反映出过程特性。而在实际间歇过程的工业中，间歇过程往往呈现出多阶段、非线性、非高斯性、高斯性等特性共存的状态。如果将现有的 MSPM 方法直接应用于间歇过程往往导致大量的误报警或漏报警情况。本书的主要工作是针对间歇过程的实际特点，对基于统计过程监测方法做了深入细致的研究，提出了一些针对间歇过程不同数据特征的统计监测算法，并最终提出了一套能够应用于间歇过程中的故障监测策略，提高了过程监测模型的监测精度。

本书的主要研究成果

（1）针对间歇过程的非线性问题，提出一种基于 MKECA 的间歇过程故障监测与诊断方法。该方法克服了传统 MKPCA 监测模型的不足，MKPCA 在进行特征提取时只考虑数据结构信息，忽略了数据的簇结构信息，而数据的簇结构是间歇过程的固有特性，忽略簇结构信息的模型在监测间歇过程时漏报率和误报率会很高。MKECA 算法的核心思想是将原始数据投影到高维特征空间，与 MKPCA 相同，同样需要对核矩阵进行特征分解，不同的是，不以方差的大小来选择特征向量，而是选取前 n 个对 Renyi 熵贡献最大的特征向量，然后将原始数据向这些特征向量投影构成新的数据集，这样不仅可以最大限度地保持原始间歇过程数据的空间分布，而且能够提高模型的精度。本书提出的 MKECA 方法通过仿真验证了该方法可以有效地监测此类故障。同时理论证明了该方法在理想状况下等同于 MKPCA 方法，也就是 MKECA 方法既兼顾了传统方法的优势，又弥补了传统方法的缺陷。理论分析和仿真实验的结果表明 MKECA 方法在对多阶段、非高斯的复杂工业间歇过程仍具有一定的局限性。

（2）针对间歇过程的非线性和非高斯性问题，提出基于 MKEICA 的过程监测方法。该方法首先利用 KECA 代替传统 KPCA 作为 MKICA 数据的白化处理，使得白化后的数据矩阵可以更好地保持原始的数据结构，其次针对传统 MKICA 监测方法所构建的监测统计量为二阶统计量的不足，提出了三阶累积量的监测统计量用于过程监测，旨在克服传统统计量在监测时存在较高误警率和漏报率的问题，改善故障监测的可靠性和灵敏度。在青霉素仿真平台和工业发酵过程中的应用，可知该方法与传统 MKICA 方法相比，确实能有效减少系统出现的误警率和漏报率，为间歇发酵过程监测提供了一种可行的解决方案，具有一定的实用价值。

（3）针对间歇过程多阶段、非线性的问题，提出了一种基于多阶段 MKECA 的过程监测方法，该方法在第 1 章对 MKECA 方法进行深入研究的基础上，提出了一套完整的基于 sub-MKECA 的多阶段间歇过程故障监测策略，该方法首先把三维数据按照时间片展开策略展开为新的二维数据；其次根据各时间片的数据进行 KECA 数据转换，然后依据核熵的大小对生产过程进行阶段粗划分，在粗划分的基础上利用扩展核熵负载矩阵进行阶段细划分，将生产操作过程划分为稳定阶段和过渡阶段，并分别建立监测模型对生产过程进行监测；最后通过对青霉素发酵仿真平台的应用，表明采用 sub-MKECA 阶段划分结果能很好地反映间歇过程的机理，并且对于间歇过程的多阶段过程监测的结果表明其可以及时、准确地发现故障，具有较高的实用价值。

（4）针对间歇过程多阶段、非线性、非高斯性共存的监测算法研究，提出了一种基于多阶段 MKEICA 的监测方法，该方法首先分析了大多数间歇过程普遍具有的一些固有特性，如多阶段性，批次轨迹不同步，过渡过程的非线性、非高斯性等，这些特性往往不能孤立地来考虑。之后讨论了基于单一模型的传统 MKICA、MKEICA 方法在多阶段过程监测中存在的一些无法克服的问题。为了解决传统 MKICA 方法不能有效处理间歇过程数据多阶段特性的问题，提出了一种结合 MKEICA 的多阶段监测策略。该方法的主要思想是利用 KECA 对过程数据进行阶段划分，由于使用 KECA 对数据进行划分后其数据在核熵空间呈现非高斯特性，故引入 ICA 对其进行分解，并引入高阶累计量构造新的监测统计量，可以更好地捕获过程数据的高阶信息，并且通过基于 KECA 划分操作阶段建立 ICA 模型来解决非高斯分布问题是合理和可行的。将该方法应用于青霉素发酵过程的仿真平台和工业大肠杆菌制备白介素-2 发酵过程监测中，结果显示所提出的方法能较好地处理过程的非高斯分布数据，在一定程度上克服了时序相关性对监测性能的影响。青霉素发酵仿真平台及实际发酵工业生产过程的应用表明，该策略能更好地揭示过程的运行状况和变化规律，对于解决多阶段间歇过程的故障监测问题，具有一定的实用价值。

（5）基于以上过程监测方法，针对实际的间歇生产过程由于要控制产品的质量达标，需要在线及时调整生产过程变量的问题，提出基于核熵的间歇过程监测策略。以上的研究方法都是基于过程变量的监测方法，当过程变量出现诸如因产品质量的问题而需要对过程变量做出调整时，监测模型会认为是故障。为解决上述问题，同时结合 T-PLS 和多阶段 KEICA 的优势，提出基于核熵的间歇过程监测策略。该策略用多阶段 KEICA 对生产过程进行建模分析，建立高阶累积量的监测统计量 HS 和 HE，其中 HS 主要反映生产过程变量的非高斯信息，HE 主要反映生产过程变量的高斯信息，然后在质量变量 Y 的引导下将空间 HE 进行 T-PLS 分解，得到四个子空间后将质量相关子空间的统计量与残差子空间的统计量相结合构造新的联合统计量，用于与质量相关的过程故障监测，以实现对非线性、高斯性、非高斯性、多阶段性的实际间歇生产过程全方位监测，在工业制备大肠杆菌的间歇发酵过程中的应用表明，该监测策略确实能有效减少生产过程中监测的误警率和漏报率，较好地反映各阶段的特征多样性，为多操作阶段、混合高斯分布的间歇发酵过程提供了一种可行的监测方案，具有一定的实用价值。

综上，本书针对间歇过程非线性、非高斯性、多阶段性等共存的状态下的统计建模、在线监测等热点问题进行了较为深入的研究，取得了一些阶段性的成果。但因时间所限，本书还有一些工作没有涉及。

未来的工作展望

经过近 20 年的发展，统计过程监测方法已经逐渐成为过程控制领域中的研究热点，并取得了不少的理论与研究成果。但是仍有许多方面需要不断完善，结合本书研究工作及当前该领域的研究进展，展望未来并结合目前该领域的研究现状来看，还可以在以下方面进行拓展研究：

（1）数据预处理问题。在实际多模态工业过程中，由于测量数据受各种干扰因素影响，采集到的数据通常会出现奇异点、数据缺失、数据不对整等现象。例如，由于某个传感器出现问题，导致变量由正常值瞬间变为零值；或者由于温度、压力、流量等变量可以快速采样，而平均分子量、浓度、pH 等变量由于实际采样频率不同，导致数据频率不一致等问题。所以对实际测量数据进行统计建模前需要进行信号提炼，只有有效区分测量噪声和正常生产状态数据，提炼出能够真正表征过程实际运行状况的建模数据，才能有效地实现模态识别、建立准确的过程监测模型。

（2）非线性问题。目前基于核技术（kernel）解决非线性问题的方法已经引起人们的关注。核技术的基本思想是借助隐性的非线性映射将原始的非线性输入空间变换到一个高维的线性特征空间，采用核技巧，可以在这个高维空间中利用线性方法进行特征提取。本书只考虑基于 KECA 的非线性过程的监测问题，针对数据的线性与非线性分布检验问题没有过多的涉猎。如何有效地实现对数据的线性、非线性进行检验，如何结合数据的正态分布与线性分布选择正确的特征提取方法都是需要继续研究的内容；此外，目前多核学习理论已经日渐成熟，如何将核方法与多核技术相结合，也是需要重点关注的研究方向。

（3）故障诊断问题。由于 MKPCA、MKPLS 和 MKICA 等方法只能进行简单的故障诊断，即只能找出对故障贡献较大的变量，而不能真正地确定故障类型。因此在进行故障诊断时，可以考虑将 MKPCA、MKPLS 和 MKICA 等过程监测方法与符号向量图、专家系统、故障树等定性故障诊断方法有效结合起来。利用定量方法可以有效地分析变量的概率统计特性，得到过程内在的驱动信息源，从而更本质地描述过程特征的优点，再利用定性方法能够有效地表达系统复杂因果关系且包含大量模型信息的优点，最终诊断出系统故障的根源。这对于指导现场操作人员排除故障、及时恢复正常生产具有极大的实际应用价值。

（4）模型迁移问题。随着工业大数据时代的到来，越来越多的生产过程的数据得以保留，但是目前针对模型更新的有效手段不多，主要集中在训练样本的更新上，通过新的训练样本可以涵盖最新的生产过程特征，具有一定的实际意义。但是由于目前监测方法的局限性很有可能新的样本含有故障，如果用含有故障的样本去更新监测模型，势必造成新的监测模型对故障不敏感，甚至会把正常工况误认为异常，如何将机器学习与数据挖掘相结合来实现模型的更新是未来的另一个值得研究的方向。

参考文献

［1］ V. Venkatasubramanian, R. Rengaswamy, K. Yin, et al.. A review of process fault detection and diagnosis: Part I: Quantitative model-based methods ［J］. Computers & Chemical Engineering, 2003, 27 (3): 293–311.

［2］ 周东华, 李钢, 李元. 数据驱动的工业过程故障诊断技术——基于主元分析与偏最小二乘的方法 ［M］. 北京: 科学出版社, 2011.

［3］ Qin S. J.. Survey on data-driven industrial process monitoring and diagnosis ［J］. Annual Reviews in Control, 2012, 36 (2): 220–234.

［4］ Qin S. J.. Process data analytics in the era of big data ［J］. AIChE Journal, 2014, 60 (9): 3092–3100.

［5］ Ge Z., Song Z., Gao F.. Review of recent research on data-based process monitoring ［J］. Industrial & Engineering Chemistry Research, 2013, 52 (10): 3543–3562.

［6］ Nomikos P., MacGregor J. F.. Monitoring batch processes using multiway principal component analysis ［J］. AIChE Journal, 1994, 40: 1361.

［7］ Kourti T., MacGregor J. F.. Process analysis, monitoring and diagnosis, using multivariate projection methods ［J］. Chemometrics & Intelligent Laboratory System, 1995, 28 (1): 3–21.

［8］ Rännar S., Macgregor J. F., Wold S.. Adaptive batch monitoring using hierarchical PCA ［J］. Chemometrics & Intelligent Laboratory System, 1998, 41 (1): 73–81.

［9］ Lv Z., Yan X., Jiang Q.. Batch process monitoring based on just-in-time learning and multiple-subspace principal component analysis ［J］. Chemometrics and Intelligent Laboratory Systems, 2014, 137: 128–139.

［10］ Lu H., Plataniotis K. N., Venetsanopoulos A. N.. MPCA: Multilinear principal component analysis of tensor objects ［J］. Neural Networks, IEEE Transactions on, 2008, 19 (1): 18–39.

［11］ Nomikos P., MacGregor J. F.. Multi-way partial least squares in monitoring batch processes ［J］. Chemometrics & Intelligent Laboratory Systems, 1995, 30 (1): 97–108.

［12］ Kesavan P., Lee J. H., Saucedo V., et al.. Partial least squares (PLS) based monitoring and control of batch digesters ［J］. Journal of Process Control, 2000, 10 (2): 229-236.

［13］ Stubbs S., Zhang J., Morris J.. Multiway interval partial least squares for batch process performance monitoring ［J］. Industrial & Engineering Chemistry Research, 2013, 52 (35): 12399-12407.

［14］ Vanlaer J., Gins G., Van Impe J. F. M.. Quality assessment of a variance estimator for Partial Least Squares prediction of batch-end quality ［J］. Computers & Chemical Engineering, 2013, 52: 230-239.

［15］ Ge Z., Song Z., Zhao L., et al.. Two-level PLS model for quality prediction of multiphase batch processes ［J］. Chemometrics & Intelligent Laboratory Systems, 2014, 130 (2): 29-36.

［16］ Kourti T.. Application of latent variable methods to process control and multivariate statistical process control in industry ［J］. International Journal of Adaptive Control and Signal Processing, 2005, 19 (4): 213-246.

［17］ Yoo C. K., Lee J. M., Vanrolleghem P. A., et al.. On-line monitoring of batch processes using multiway independent component analysis ［J］. Chemometrics & Intelligent Laboratory Systems, 2004, 71 (2): 151-163.

［18］ Cai L., Tian X., Chen S.. A process monitoring method based on noisy independent component analysis ［J］. Neurocomputing, 2014, 127: 231-246.

［19］ Guo H., Li H.. On-line Batch Process Monitoring with Improved Multi-way Independent Component Analysis ［J］. Chinese Journal of Chemical Engineering, 2013, 21 (3): 263-270.

［20］ Wang L., Shi H.. Multivariate statistical process monitoring using an improved independent component analysis ［J］. Chemical Engineering Research and Design, 2010, 88 (4): 403-414.

［21］ Stefatos G., Hamza A. B.. Dynamic independent component analysis approach for fault detection and diagnosis ［J］. Expert Systems with Applications, 2010, 37 (12): 8606-8617.

［22］ Lee J. M., Yoo C. K., Lee I. B.. Statistical process monitoring with independent component analysis ［J］. Journal of Process Control, 2004, 14 (5): 467-485.

［23］ 谭帅, 王福利, 常玉清, 等. 基于差分分段 PCA 的多模态过程故障监测 ［J］. 自动化学报, 2010, 36 (11): 1626-1636.

［24］ Wang F., Tan S., Peng J., et al.. Process monitoring based on mode identification for multi-mode process with transitions〔J〕. Chemometrics & Intelligent Laboratory Systems, 2012, 110（1）: 144-155.

〔25〕Lu N., Gao F., Wang F.. Sub-PCA modeling and on-line monitoring strategy for batch processes〔J〕. AIChE Journal, 2004, 50（1）: 255-259.

〔26〕Zhao C., Wang F., Lu N., et al.. Stage-based soft-transition multiple PCA modeling and on-line monitoring strategy for batch processes〔J〕. Journal of Process Control, 2007, 17（9）: 728-741.

〔27〕Zhang Y., Li S.. Modeling and monitoring of nonlinear multi-mode processes〔J〕. Control Engineering Practice, 2014, 22（1）: 194-204.

〔28〕Tong C., Palazoglu A., Yan X.. An adaptive multimode process monitoring strategy based on mode clustering and mode unfolding〔J〕. Journal of Process Control, 2013, 23（10）: 1497-1507.

〔29〕Sun W., Meng Y., Palazoglu A., et al.. A method for multiphase batch process monitoring based on auto phase identification〔J〕. Journal of Process Control, 2011, 21（4）: 627-638.

〔30〕Zhu Z., Song Z., Palazoglu A.. Process pattern construction and multi-mode monitoring〔J〕. Journal of Process Control, 2012, 22（1）: 247-262.

〔31〕Johnson A.. The control of fed-batch fermentation processes—a survey〔J〕. Automatica, 1987, 23（6）: 691-705.

〔32〕Yin S., Ding S. X., Abandan Sari A. H., et al.. Data-driven monitoring for stochastic systems and its application on batch process〔J〕. International Journal of Systems Science, 2013, 44（7）: 1366-1376.

〔33〕Wold S., Kettaneh N., Fridén H., et al.. Modelling and diagnostics of batch processes and analogous kinetic experiments〔J〕. Chemometrics & Intelligent Laboratory Systems, 1998, 44（1）: 331-340.

〔34〕陈欣. 代谢工程改造大肠杆菌发酵生产氨基葡萄糖及过程优化与控制〔D〕. 无锡: 江南大学, 2012.

〔35〕Lin Y. C., Liang Y. C., Sheu M. T., et al.. Chondroprotective effects of glucosamine involving the p38 MAPK and Akt signaling pathways〔J〕. Rheumatology international, 2008, 28（10）: 1009-1016.

〔36〕赵春晖. 多时段间歇过程统计建模、在线监测及质量预报〔D〕. 沈阳: 东北大学, 2009.

〔37〕谢翔. 基于统计理论的多模态工业过程建模与监控方法研究〔D〕. 上海: 华

东理工大学，2013.

［38］赵春晖，王福利，姚远，等. 基于时段的间歇过程统计建模、在线监测及质量预报［J］. 自动化学报，2010，36（3）：366-374.

［39］Ge Z., Song Z.. An Overview of Conventional MSPC Methods ［M］. London：Springer，2013.

［40］Ge Z., Xie L., Kruger U., et al.. Local ICA for multivariate statistical fault diagnosis in systems with unknown signal and error distributions ［J］. AIChE Journal，2012，58（8）：2357-2372.

［41］Ge Z., Song Z.. Performance-driven ensemble learning ICA model for improved non-Gaussian process monitoring ［J］. Chemometrics & Intelligent Laboratory Systems，2013，123（2）：1-8.

［42］Hyvärinen A.. The fixed-point algorithm and maximum likelihood estimation for independent component analysis ［J］. Neural Processing Letters，1999，10（1）：1-5.

［43］贾之阳. 基于 MKICA-PCA 的间歇过程故障监测 ［D］. 北京：北京工业大学，2013.

［44］齐咏生，王普，高学金，等. 基于多阶段动态 PCA 的发酵过程故障监测 ［J］. 北京工业大学学报，2012，38（10）：1474-1481.

［45］Kramer M. A.. Nonlinear principal component analysis using autoassociative neural networks ［J］. AIChE journal，1991，37（2）：233-243.

［46］Dong D., McAvoy T. J.. Nonlinear principal component analysis—based on principal curves and neural networks ［J］. Computers & Chemical Engineering，1996，20（1）：65-78.

［47］Jia F., Martin E. B., Morris A. J.. Non-linear principal components analysis with application to process fault detection ［J］. International Journal of Systems Science，2000，31（11）：1473-1487.

［48］Saegusa R., Sakano H., Hashimoto S.. Nonlinear principal component analysis to preserve the order of principal components ［J］. Neurocomputing，2004，61：57-70.

［49］Qin S. J., McAvoy T. J.. Nonlinear PLS modeling using neural networks ［J］. Computer & Chemical Engineering，1992，16（4）：379-391.

［50］Baffi G., Martin E. B., Morris A. J.. Non-linear projection to latent structures revisited （the neural network PLS algorithm） ［J］. Computers & Chemical Engineering, 1999, 23 (9): 1293-1307.

[51] Baffi G., Martin E. B., Morris A. J.. Non-linear dynamic projection to latent structures modelling [J]. Chemometrics & Intelligent Laboratory Systems, 2000, 52 (1): 5-22.

[52] Schölkopf B., Smola A., Müller K. R.. Nonlinear component analysis as a kernel eigenvalue problem [J]. Neural computation, 1998, 10 (5): 1299-1319.

[53] Vapnik V.. The nature of statistical learning theory [M]. New York: Springer Science & Business Media, 2000.

[54] Lee J. M., Yoo C. K., Lee I. B.. Fault detection of batch processes using multiway kernel principal component analysis [J]. Computers & Chemical Engineering, 2004, 28 (9): 1837-1847.

[55] Cho J. H., Lee J. M., Choi S. W., et al.. Fault identification for process monitoring using kernel principal component analysis [J]. Chemical Engineering Science, 2005, 60 (1): 279-288.

[56] Choi S. W., Lee C., Lee J. M., et al.. Fault detection and identification of nonlinear processes based on kernel PCA [J]. Chemometrics & Intelligent Laboratory Systems, 2005, 75 (1): 55-67.

[57] Choi S. W., Lee I. B.. Nonlinear dynamic process monitoring based on dynamic kernel PCA [J]. Chemical Engineering Science, 2004, 59 (24): 5897-5908.

[58] Jia M., Chu F., Wang F., et al.. On-line batch process monitoring using batch dynamic kernel principal component analysis [J]. Chemometrics & Intelligent Laboratory Systems, 2010, 101 (2): 110-122.

[59] Zhang Y., Li Z., Zhou H.. Statistical analysis and adaptive technique for dynamical process monitoring [J]. Chemical Engineering Research and Design, 2010, 88 (10): 1381-1392.

[60] Choi S. W., Morris J., Lee I. B.. Nonlinear multiscale modelling for fault detection and identification [J]. Chemical Engineering Science, 2008, 63 (8): 2252-2266.

[61] Zhang Y., Ma C.. Fault diagnosis of nonlinear processes using multiscale KPCA and multiscale KPLS [J]. Chemical Engineering Science, 2011, 66 (1): 64-72.

[62] Rosipal R., Trejo L. J.. Kernel partial least squares regression in reproducing kernel hilbert space [J]. The Journal of Machine Learning Research, 2002, 2

(2)：97-123.

[63] Zhang Y., Teng Y.. Process data modeling using modified kernel partial least squares [J]. Chemical Engineering Science, 2010, 65 (24)：6353-6361.

[64] Zhang Y., Zhang L., Lu R.. Fault identification of nonlinear processes [J]. Industrial & Engineering Chemistry Research, 2013, 52 (34)：12072-12081.

[65] Gao Y., Kong X., Hu C., et al.. Multivariate data modeling using modified kernel partial least squares [J]. Chemical Engineering Research and Design, 2015, 94：466-474.

[66] Hu Y., Ma H., Shi H.. Enhanced batch process monitoring using just-in-time-learning based kernel partial least squares [J]. Chemometrics & Intelligent Laboratory Systems, 2013, 123 (3)：15-27.

[67] Zhang Y., Du W., Fan Y., et al.. Process Fault Detection Using Directional Kernel Partial Least Squares [J]. Industrial & Engineering Chemistry Research, 2015, 54 (9)：2509-2518.

[68] Mori J., Yu J.. Quality relevant nonlinear batch process performance monitoring using a kernel based multiway non-Gaussian latent subspace projection approach [J]. Journal of Process Control, 2014, 24 (1)：57-71.

[69] Kano M., Tanaka S., Hasebe S., et al.. Monitoring independent components for fault detection [J]. AIChE Journal, 2003, 49 (4)：969-976.

[70] Yoo C. K., Lee J. M., Vanrolleghem P. A., et al.. On-line monitoring of batch processes using multiway independent component analysis [J]. Chemometrics & Intelligent Laboratory Systems, 2004, 71 (2)：151-163.

[71] Tian X., Zhang X., Deng X., et al.. Multiway kernel independent component analysis based on feature samples for batch process monitoring [J]. Neurocomputing, 2009, 72 (7)：1584-1596.

[72] Wold S., Kettaneh N., Tjessem K.. Hierarchical multiblock PLS and PC models for easier model interpretation and as an alternative to variable selection [J]. Journal of Chemometrics, 1996, 10 (5-6)：463-482.

[73] Rännar S., MacGregor J. F., Wold S.. Adaptive batch monitoring using hierarchical PCA [J]. Chemometrics & Intelligent Laboratory Systems, 1998, 41 (1)：73-81.

[74] Kosanovich K. A., Dahl K. S., Piovoso M. J.. Improved process understanding using multiway principal component analysis [J]. Industrial & Engineering Chemistry Research, 1996, 35 (1)：138-146.

［75］ Camacho J., Picó J., Ferrer A.. Multi-phase analysis framework for handling batch process data ［J］. Journal of Chemometrics, 2008, 22（11–12）: 632–643.

［76］ Doan X. T., Srinivasan R.. Online monitoring of multi-phase batch processes using phase-based multivariate statistical process control ［J］. Computers & Chemical Engineering, 2008, 32（1）: 230–243.

［77］ Yao Y., Gao F.. Phase and transition based batch process modeling and online monitoring ［J］. Journal of Process Control, 2009, 19（5）: 816–826.

［78］ Yao Y., Gao F.. A survey on multistage/multiphase statistical modeling methods for batch processes ［J］. Annual Reviews in Control, 2009, 33（2）: 172–183.

［79］ 齐咏生, 王普, 高学金, 等. 一种新的多阶段间歇过程在线监控策略 ［J］. 仪器仪表学报, 2011, 32（6）: 1290–1297.

［80］ 齐咏生, 王普, 高学金. 基于核主元分析——主元分析的多阶段间歇过程故障监测与诊断 ［J］. 控制理论与应用, 2012, 29（6）: 754–764.

［81］ Jenssen R.. Kernel entropy component analysis ［J］. Pattern Analysis and Machine Intelligence, IEEE Transactions on, 2010, 32（5）: 847–860.

［82］ Jenssen R.. Mean vector component analysis for visualization and clustering of nonnegative data ［J］. Neural Networks and Learning Systems, IEEE Transactions on, 2013, 24（10）: 1553–1564.

［83］ Gómez-Chova L., Jenssen R., Camps-Valls G.. Kernel entropy component analysis for remote sensing image clustering ［J］. Geoscience and Remote Sensing Letters, IEEE, 2012, 9（2）: 312–316.

［84］ Jenssen R.. Entropy-Relevant Dimensions in the Kernel Feature Space: Cluster-Capturing Dimensionality Reduction ［J］. Signal Processing Magazine, IEEE, 2013, 30（4）: 30–39.

［85］ Shi J., Jiang Q., Mao R., et al.. FR-KECA: Fuzzy robust kernel entropy component analysis ［J］. Neurocomputing, 2015, 149: 1415–1423.

［86］ Gokcay E., Principe J. C.. Information theoretic clustering ［J］. Pattern Analysis and Machine Intelligence, IEEE Transactions on, 2002, 24（2）: 158–171.

［87］ Agudo D., Ferrer A., Ferrer J., et al.. Multivariate SPC of a sequencing batch reactor for wastewater treatment ［J］. Chemometrics & Intelligent Laboratory Systems, 2007, 85（1）: 82–93.

［88］ Birol G., Ündey C., Cinar A.. A modular simulation package for fed-batch fermentation: penicillin production ［J］. Computers & Chemical Engineering,

2002, 26 (11): 1553-1565.

[89] Lee J. M., Yoo C. K., Choi S. W., et al.. Nonlinear process monitoring using kernel principal component analysis [J]. Chemical Engineering Science, 2004, 59 (1): 223-234.

[90] Cui P., Li J., Wang G.. Improved kernel principal component analysis for fault detection [J]. Expert Systems with Applications, 2008, 34 (2): 1210-1219.

[91] Cai L., Tian X., Zhang N.. A Kernel Time Structure Independent Component Analysis Method for Nonlinear Process Monitoring [J]. Chinese Journal of Chemical Engineering, 2014, 22 (11): 1243-1253.

[92] Jiang Q., Yan X., Lv Z., et al.. Fault detection in nonlinear chemical processes based on kernel entropy component analysis and angular structure [J]. Korean Journal of Chemical Engineering, 2013, 30 (6): 1181-1186.

[93] Wang Y., Fan J., Yao Y.. Online Monitoring of Multivariate Processes Using Higher-Order Cumulants Analysis [J]. Industrial & Engineering Chemistry Research, 2014, 53 (11): 4328-4338.

[94] Fan J., Wang Y.. Fault detection and diagnosis of non-linear non-Gaussian dynamic processes using kernel dynamic independent component analysis [J]. Information Sciences, 2014, 259: 369-379.

[95] Giannakis G. B., Mendel J. M.. Cumulant-based order determination of non-Gaussian ARMA models [J]. Acoustics, Speech and Signal Processing, IEEE Transactions on, 1990, 38 (8): 1411-1423.

[96] Giannakis G. B., Tsatsanis M. K.. Signal detection and classification using matched filtering and higher order statistics [J]. IEEE Transactions on Acoustics, Speech and Signal Processing, 1990, 38 (7): 1284-1296

[97] Huang L., He Z.. Application of Bispectral Analysis in the Nonlinear Systems [J]. International Proceedings of Computer Science & Information Technology, 2012, (46): 107.

[98] Tucci G. H., Whiting P. A.. Eigenvalue results for large scale random vandermonde matrices with unit complex entries [J]. Information Theory, IEEE Transactions on, 2011, 57 (6): 3938-3954.

[99] Kassidas A., MacGregor J. F., Taylor P. A.. Synchronization of batch trajectories using dynamic time warping [J]. AIChE Journal, 1998, 44 (4): 864-875.

[100] Lee J. M., Yoo C. K., Lee I. B.. Enhanced process monitoring of fed-batch pen-

icillin cultivation using time-varying and multivariate statistical analysis [J]. Journal of Biotechnology, 2004, 110 (2): 119-136.

[101] 王姝. 基于数据的间歇过程故障诊断及预测方法研究 [D]. 沈阳: 东北大学, 2010.

[102] Zhang Y., Li S.. Modeling and monitoring between-mode transition of multimodes processes [J]. Industrial Informatics, IEEE Transactions on, 2013, 9 (4): 2248-2255.

[103] 魏华彤. 基于数据驱动的间歇过程监控方法研究 [D]. 北京: 北京化工大学, 2013.

[104] 常鹏, 王普, 高学金, 等. 基于核熵投影技术的多阶段间歇过程监测研究 [J]. 仪器仪表学报, 2014, 35 (7): 1654-1661.

[105] 常鹏, 王普, 高学金. 基于核熵投影技术的微生物制药生产过程监测 [J]. 信息与控制, 2014, 43 (4): 490-494.

[106] Zhao C., Wang F., Lu N., et al.. Stage-based soft-transition multiple PCA modeling and on-line monitoring strategy for batch processes [J]. Journal of Process Control, 2007, 17 (9): 728-741.

[107] Zhao C., Wang F., Mao Z., et al.. Adaptive monitoring based on independent component analysis for multiphase batch processes with limited modeling data [J]. Industrial & Engineering Chemistry Research, 2008, 47 (9): 3104-3113.

[108] Ge Z., Song Z.. Online monitoring of nonlinear multiple mode processes based on adaptive local model approach [J]. Control Engineering Practice, 2008, 16 (12): 1427-1437.

[109] Yu J., Chen J., Rashid M. M.. Multiway independent component analysis mixture model and mutual information based fault detection and diagnosis approach of multiphase batch processes [J]. AIChE Journal, 2013, 59 (8): 2761-2779.

[110] Verde L., Heavens A. F.. On the trispectrum as a gaussian test for cosmology [J]. The Astrophysical Journal, 2001, 55 (3): 1-14.

[111] Fraley C., Raftery A. E.. Model-based clustering, discriminant analysis, and density estimation [J]. Journal of the American statistical Association, 2002, 97 (458): 611-631.

[112] Chapeau-Blondeau F.. Nonlinear test statistic to improve signal detection in non-Gaussian noise [J]. Signal Processing Letters, IEEE, 2000, 7 (7): 205-207.

[113] 常鹏，王普，高学金，等. 基于统计量模式分析的 MKPLS 间歇过程监控与质量预报 [J]. 仪器仪表学报，2014，35（6）：1409-1416.

[114] Aldrich C., Auret L.. Overview of Process Fault Diagnosis [M]. London: Springer, 2013: 17-70.

[115] Sari A. H. A.. Fault detection in multimode nonlinear systems [M]. Wiesbaden: Springer Fachmedien Wiesbaden, 2014: 31-46.

[116] Tian Y., Du W., Qian F.. Fault Detection and Diagnosis for Non-Gaussian Processes with Periodic Disturbance Based on AMRA-ICA [J]. Industrial & Engineering Chemistry Research, 2013, 52 (34): 12082-12107.

[117] Jiang Q., Yan X.. Probabilistic monitoring of chemical processes using adaptively weighted factor analysis and its application [J]. Chemical Engineering Research and Design, 2014, 92 (1): 127-138.

[118] Zhu Y. C., Yu T., Wang J. L., et al.. A fermentation process monitoring method based on kernel independent component analysis [J]. Journal of Beijing University of Chemical Technology (Natural Science Edition), 2014: 2-14.

[119] Ma H., Hu Y., Shi H.. Fault detection and identification based on the neighborhood standardized local outlier factor method [J]. Industrial & Engineering Chemistry Research, 2013, 52 (6): 2389-2402.

[120] Ge Z., Song Z.. Multimode process monitoring based on Bayesian method [J]. Journal of Chemometrics, 2009, 23 (12): 636-650.

[121] Song B., Shi H., Ma Y., et al.. Multisubspace Principal Component Analysis with Local Outlier Factor for Multimode Process Monitoring [J]. Industrial & Engineering Chemistry Research, 2014, 53 (42): 16453-16464.

[122] Peng K., Zhang K., He X., et al.. New kernel independent and principal components analysis-based process monitoring approach with application to hot strip mill process [J]. IET Control Theory & Applications, 2014, 8 (16): 1723-1731.

[123] Facco P., Doplicher F., Bezzo F., et al.. Moving average PLS soft sensor for online product quality estimation in an industrial batch polymerization process [J]. Journal of Process Control, 2009, 19 (3): 520-529.

[124] Ge Z., Song Z., Gao F.. Nonlinear quality prediction for multiphase batch processes [J]. AIChE Journal, 2012, 58 (6): 1778-1787.

[125] Ge Z., Song Z., Gao F., et al.. Information-Transfer PLS Model for Quality Predic-

tion in Transition Periods of Batch Processes [J]. Industrial & Engineering Chemistry Research, 2013, 52 (15): 5507-5511.

[126] Ge Z., Song Z.. Nonlinear probabilistic monitoring based on the Gaussian process latent variable model [J]. Industrial & Engineering Chemistry Research, 2010, 49 (10): 4792-4799.

[127] Zhang Y., Hu Z.. Multivariate process monitoring and analysis based on multi-scale KPLS [J]. Chemical Engineering Research and Design, 2011, 89 (12): 2667-2678.

[128] Ge Z., Zhao L., Yao Y., et al.. Utilizing transition information in online quality prediction of multiphase batch processes [J]. Journal of Process Control, 2012, 22 (3): 599-611.

[129] Halstensen M., Amundsen L., Arvoh B. K.. Three-way PLS regression and dual energy gamma densitometry for prediction of total volume fractions and enhanced flow regime identification in multiphase flow [J]. Flow Measurement and Instrumentation, 2014, 40: 133-141.

[130] Zhang Y., Yang N., Li S.. Fault Isolation of Nonlinear Processes Based on Fault Directions and Features [J]. Control System1s Technology, IEEE Transactions on, 2014, 22 (4): 1567-1572.

[131] Zhou D., Li G., Qin S. J.. Total projection to latent structures for process monitoring [J]. AIChE Journal, 2010, 56 (1): 168-178.

[132] Li G., Qin S. Z., Ji Y. D., et al.. Total PLS based contribution plots for fault diagnosis [J]. Acta Automatica Sinica, 2009, 35 (6): 759-765.

[133] Li G., Liu B., Qin S. J., et al.. Quality relevant data-driven modeling and monitoring of multivariate dynamic processes: The dynamic T-PLS approach [J]. Neural Networks, IEEE Transactions on, 2011, 22 (12): 2262-2271.

[134] Li G., Alcala C. F., Qin S. J., et al.. Generalized reconstruction-based contributions for output-relevant fault diagnosis with application to the Tennessee Eastman process [J]. Control Systems Technology, IEEE Transactions on, 2011, 19 (5): 1114-1127.

[135] Li G., Qin S. J., Zhou D.. Output relevant fault reconstruction and fault subspace extraction in total projection to latent structures models [J]. Industrial & Engineering Chemistry Research, 2010, 49 (19): 9175-9183.

[136] 常鹏, 王普, 高学金. 基于统计量模式分析的 T-KPLS 间歇过程故障监

控 ［J］. 化工学报, 2015, 66 (1)：265-271.

［137］ Peng K., Zhang K., Li G., et al.. Contribution rate plot for nonlinear quality-related fault diagnosis with application to the hot strip mill process ［J］. Control Engineering Practice, 2013, 21 (4)：360-369.

［138］ Zhao X., Xue Y.. Output-relevant fault detection and identification of chemical process based on hybrid kernel T-PLS ［J］. The Canadian Journal of Chemical Engineering, 2014, 92 (10)：1822-1828.

［139］ 薛永飞. 基于改进 T-PLS 的化工过程故障诊断研究 ［D］. 兰州：兰州理工大学, 2014.

［140］ Qin S. J., Zheng Y.. Quality-relevant and process-relevant fault monitoring with concurrent projection to latent structures ［J］. AIChE Journal, 2013, 59 (2)：496-504.

［141］ Ge Z., Song Z.. Process monitoring based on independent component analysis-principal component analysis (ICA-PCA) and similarity factors ［J］. Industrial & Engineering Chemistry Research, 2007, 46 (7)：2054-2063.

［142］ Yan X.. Gaussian and non-Gaussian double subspace statistical process monitoring based on PCA and ICA ［J］. Industrial & Engineering Chemistry Research, 2015, 54 (3)：1015-1027.

［143］ Fan J., Qin S. J., Wang Y.. Online monitoring of nonlinear multivariate industrial processes using filtering KICA-PCA ［J］. Control Engineering Practice, 2014, 22 (1)：205-216.

［144］ Zhu W., Zhou J., Xia X., et al.. A novel KICA-PCA fault detection model for condition process of hydroelectric generating unit ［J］. Measurement, 2014, 58：197-206.

［145］ Zhao C., Gao F., Wang F.. Nonlinear Batch Process Monitoring Using Phase-Based Kernel-Independent Component Analysis Principal Component Analysis (KICA PCA) ［J］. Industrial & Engineering Chemistry Research, 2009, 48 (20)：9163-9174.

［146］ Zhang Y., Zhang H.. Fault Detection for Time-Varying Processes ［J］. Control Systems Technology, IEEE Transactions on, 2014, 22 (4)：1527-1535.

后　　记

　　博士阶段的工作终于告一段落了，回首博士求学期间所经历的困难和沮丧仿佛就在昨日，历历在目、刻骨铭心。本书能够顺利完成，离不开良师益友们的指导和帮助，离不开家人的鼓励和支持，我在此向他们表示由衷的谢意！

　　值此论文完成之际，首先衷心感谢我的导师王普教授在我的科研工作中给予的教导。导师具有渊博的知识、敏锐的洞察力、严谨的学术态度、一丝不苟的工作精神和乐观豁达的人生理念，这些一直激励着我，成为我人生中最宝贵的财富之一，让我受益匪浅。在此，谨向王教授致以诚挚的感谢和深深的敬意！

　　诚挚感谢阮晓钢教授、高学金副教授、张会清副教授、严爱军副教授、李亚芬副教授、方丽英老师、韩红桂老师等，在我论文研究的不同阶段，他们给予了强有力的指导和帮助，使我受益颇多，在此表示最诚挚的谢意！

　　感谢清华大学赵劲松教授、北京理工大学夏元清教授、浙江大学赵春晖教授、北京化工大学王友清教授和王晶教授在科研及论文撰写过程中的细心指导和帮助，感谢内蒙古工业大学齐咏生副教授和挪威特罗姆瑟大学的Robert Jenssen副教授在论文实验中给予的无私帮助，感谢单位领导及同事在四年求学当中对我在工作和生活上的帮助！

　　衷心感谢郑鲲、赵辉、王锡昌、杨健栋、李会民、张春晓、刘经纬等博士同学，感谢美国南加州大学李钢博士后、英国剑桥大学齐会云博士后、清华大学刘海燕博士后、北京交通大学汤键博士后、美国康涅狄格大学贾之阳博士、美国南加州大学郑盈盈博士、北京理工大学孙涛博士、中国石油大学蔡连芳博士、东北大学刘炎博士等在学术和生活上的相互交流，促使我不断取得进步。在此，祝愿大家都有一个美好的前程！

　　感谢国家教育部数字社区工程研究中心的所有老师和同学们，由于缘分我们走到一起，生活上的相互照顾、科研上的相互鼓励使我受益颇多，他们使我在和谐、上进的氛围中不断成长，感受到了世间最宝贵的友情，这是我一生的财富，在此，向所有课题组的老师和同学们表示衷心的感谢！

感谢我的父母、妻儿对我学业的理解和支持，让我一路坚持到今天，今后我会不懈奋斗让你们幸福！特别感谢百忙之中评阅论文和出席答辩会的老师们！

最后，向所有关心和帮助过我的人致以诚挚的谢意！